俄罗斯网络空间安全战略探析

牛丽红·著

知识产权出版社

全国百佳图书出版单位

—北京—

图书在版编目（CIP）数据

俄罗斯网络空间安全战略探析/牛丽红著. —北京：知识产权出版社，2021.10
ISBN 978-7-5130-7766-8

Ⅰ.①俄… Ⅱ.①牛… Ⅲ.①计算机网络—网络安全—研究—俄罗斯 Ⅳ.①TP393.08

中国版本图书馆 CIP 数据核字（2021）第 203619 号

内容简介

当前，网络空间已成为国家间战略博弈的重要领域、信息化战争的重要战场和意识形态斗争的重要阵地。作为世界大国和军事强国，俄罗斯高度重视网络空间安全，通过颁布和实施网络空间安全战略，加强网络空间安全建设，应对网络空间安全领域日趋严峻的威胁与挑战。本书比较系统地阐述了俄罗斯网络空间安全战略的演进过程，分析了俄罗斯网络空间安全战略的动因，揭示了俄罗斯网络空间安全战略的目标，分析了俄罗斯网络空间安全战略的实施特点，在此基础上提出了我国加强网络空间安全建设的几点建议。

本书兼具学术性、实践性、可读性，对于广大读者了解和研究俄罗斯网络空间安全战略具有较强的参考和指导意义。

责任编辑：张雪梅　　　　　　　　　　　　责任印制：刘译文
封面设计：杨杨工作室·张冀

俄罗斯网络空间安全战略探析
ELUOSI WANGLUO KONGJIAN ANQUAN ZHANLÜE TANXI

牛丽红　著

出版发行：	知识产权出版社有限责任公司	网　址：	http://www.ipph.cn
电　话：	010-82004826		http://www.laichushu.com
社　址：	北京市海淀区气象路 50 号院	邮　编：	100081
责编电话：	010-82000860 转 8171	责编邮箱：	laichushu@cnipr.com
发行电话：	010-82000860 转 8101	发行传真：	010-82000893
印　刷：	三河市国英印务有限公司	经　销：	各大网上书店、新华书店及相关专业书店
开　本：	787mm×1092mm　1/16	印　张：	10.75
版　次：	2021 年 10 月第 1 版	印　次：	2021 年 10 月第 1 次印刷
字　数：	170 千字	定　价：	79.00 元

ISBN 978-7-5130-7766-8

序

互联网是 20 世纪人类最伟大的发明之一。自 1969 年诞生以来，互联网日益渗透到政治、经济、社会、文化、军事各个领域，推动社会生产力发生新的、质的飞跃，深刻改变了人类的生产生活方式，极大地影响了世界政治经济格局，提升了人类认识世界、改造世界的能力。互联网发展速度之快、普及范围之广、影响程度之深，是其他科技成果难以比拟的，互联网引领和开启了人类历史的新纪元。

互联网是一把双刃剑，在给人类社会带来发展机遇的同时也给政治、经济、文化、社会、国防安全及公民在网络空间的合法利益带来了一系列风险与挑战。第一，网络安全影响政权安全。有的国家开展大规模网络监控、网络窃密等活动，甚至利用网络干涉他国内政、煽动社会动乱，严重危害国家政治安全。第二，网络攻击危害经济安全。随着信息化的发展，能源、交通、电力、供水、卫生等国家关键基础设施网络化程度日益加深，它们通过网络协议交换数据、执行指令，实现安全运行。恶意入侵者可通过植入信息或数据扰乱系统的运行，使其瘫痪，甚至接管这些系统的操控权。国家关键基础设施关系国计民生，任何局部干扰或蓄意攻击都可能引发严重后果，影响人们正常的工作和生活，造成无法弥补的灾难性后果。第三，网络有害信息危害文化安全。网络谣言、网络色情与网络暴力严重危害青少年身心健康，误导人们的价值取向。第四，恐怖主义、分裂主义、极端主义等势力利用网络煽动、策划、组织和实施暴力恐怖活动，直接威胁人民群众生命财产安全和社会秩序稳定。此外，勒索病毒等在网络空间传播蔓延，网络欺诈、黑客攻击、侵犯知识产权、盗窃和滥用个人信息等不法行为大量存在，严重损害国家、企业和个人利益，影响社会和谐。第五，网络空间国际竞争危害世界和平和安全。个别国家强化网络威慑战略，不断加强网络战准备和网络部队建设，加剧网络空间的军备竞赛，致使全球网络空间军事化态势愈演愈烈，世界和平受到新的挑战。

国内学术界关于美国、日本、欧盟等国家、地区网络空间安全战略的研究成果比较丰硕，与之形成鲜明对比的是，迄今为止尚无专门研究俄罗斯网络空间安全战略的学术著作面世。深入研究俄罗斯的网络空间安全战略，了解其全貌，阐释其特点，分析其动因，论述其举措，对于我国构建网络空间安全防御体系、建设网络强国具有一定的借鉴意义。我国是网络攻击主要受害国，现行相关管理体制存在弊端，核心技术严重缺乏。制定和实施网络空间安全战略，全面提升国家网络空间防御能力、舆情管控能力和网络空间战略威慑能力，把我国建设成为网络强国势在必行、时不我待。

《俄罗斯网络空间安全战略探析》一书着眼于国际网络空间安全的新课题，对俄罗斯网络空间安全战略及实践进行了有益的探索，有利于我们了解世界网络空间安全领域的先进理论和实践经验。

班文涛

2021 年 6 月 25 日

前　　言

互联网是 20 世纪人类最伟大的发明之一。自 1969 年诞生以来，互联网给社会带来了前所未有的深刻变革，推动人类进入了充满生机、活力迸发的信息时代。近些年来，随着信息技术及其应用的急速发展，互联网又催生了与陆、海、空、天（太空）并列的第五空间——网络空间。网络空间是一个新型的军事空间、外交空间和意识形态空间，已经成为国家间战略博弈的重要领域、信息化战争的重要战场和意识形态斗争的重要阵地。

作为世界大国和军事强国，俄罗斯高度重视网络空间安全，出台了网络空间安全战略，指引网络空间安全建设。深入研究俄罗斯的网络空间安全战略，对于我国构建网络空间国家防御体系、建设网络强国具有一定的借鉴意义。

全书由第一至六章、参考文献和附录八个部分构成。

第一章为网络空间概述，首先简要介绍从网络到网络空间的发展变迁，然后阐明网络空间的概念和战略地位。

第二章为网络空间安全，主要论述网络空间安全的战略意义，分析当今世界的网络空间安全形势。

第三章主要分析俄罗斯网络空间安全战略的发展演变过程，共分为三节：第一节将俄罗斯的互联网发展史分为三个阶段，即互联网起步阶段、互联网全面发展阶段和网络空间新时代；第二节阐明俄罗斯独具特色的网络空间安全观，剖析俄罗斯网络空间安全观的内涵；第三节指出俄罗斯网络空间安全战略的发展演变经历了萌芽（1990—1999 年）、全面发展（2000—2009 年）和升级（2010 年至今）三个阶段，每一阶段的主要标志是相关政策、战略的制定与实施。

第四章阐明俄罗斯网络空间安全战略的动因与目标。俄罗斯网络空间安全战略的演进是一个动态发展的过程，在这一过程中有着诸多的推动力量。首先，网络空间安全战略是国家层面的安全战略，要服从、服务于国家安全保障战略，体现俄罗斯国家安全观的定位和要求。其次，现代信息通信技术的发展变化是俄罗斯网络空间安全战略演进的大背景。最后，俄罗斯在网络空间领域面临的威胁和挑战是其网络空间安全战略发展变化的直接原因。俄罗斯网络空间安全战略有着明确的目标，始终围绕着"助力建设强大的俄罗斯""为俄联邦数字经济保驾护航""确保境内互联网独立稳定运行""谋求国际网络空间权力"等布局。

第五章为俄罗斯网络空间安全战略的实施，指出俄罗斯网络空间安全战略主要是通过自上而下开展顶层设计、突出重点领域能力建设、加强战略实施保障体系建设来落地实施的。在网络空间安全战略的实施过程中，俄罗斯统一筹划网络空间安全力量，通过制定一系列战略规划和法律法规形成国家组织领导体系，自上而下推进网络空间安全战略的落实与全面实施。在网络空间安全战略的实施过程中，俄罗斯重点加强关键基础设施信息系统建设，全面提升网络空间作战能力。通过重点领域能力建设，维护俄罗斯在网络空间的核心利益。为顺利实施网络空间安全战略，俄罗斯还从提高网络空间安全技术研发与应用能力、拓展网络空间安全国际合作和加强网络空间安全人才培养三方面提供保障支撑。

第六章提出我国强化网络空间安全建设的六点建议：科学谋划国家网络空间安全战略，完善国家网络空间安全协调机制，着力推进网络空间安全法制建设，深入推进国家网络空间安全管理，加速提升网络空间安全技术能力，推动建立公正合理的国际网络空间秩序。

本书基于的课题研究得到了战略支援部队信息工程大学洛阳校区"双重"项目的资助，在此表示真挚的感谢。在撰写本书的过程中，笔者参阅了大量国内外专家学者的研究成果，并引用了部分学者的文献和资料，在此谨表谢意。本书依托的课题在研究过程中还得到了战略支援部队信息工程大学洛阳校区许多领导、老师和各界朋友的关心和帮助，正是由于他们的关心、鼓励、支持和帮助，本书才得以如期完成，在此笔者一并表示诚挚的感谢！

由于笔者学识浅薄、水平有限，书中难免有纰漏和不足之处，敬请学术界前辈、专家及广大读者不吝赐教。

目　录

第一章　网络空间概述

星星之火，可以燎原。1969 年诞生的世界上第一个分组交换网"阿帕网"（ARPANET）催生了世界范围内互联互通的互联网。随着技术和应用的急速发展，互联网又催生了与陆、海、空、天（太空）并列的第五空间——网络空间（Cyberspace）。网络空间是一个新型的军事空间、外交空间和意识形态空间，已经成为国家间战略博弈的重要领域、信息化战争的重要战场和意识形态斗争的重要阵地。

第一节　网络到网络空间的变迁

网络是人类发展史上最重要的发明之一。伴随着信息技术的快速发展和网络应用的加快普及，互联网蓬勃发展。互联网加速了全球信息革命的进程，成为人们生活、工作、学习和交往的基础设施与重要平台，对社会生活的诸多方面及社会经济的发展产生了深远的影响。

一、从网络到互联网

概念是研究问题、制定政策的逻辑起点。深入研究俄罗斯的网络空间战略，首先有必要厘清什么是网络和网络空间。网络和网络空间是信息时代出现的新的空间维域概念，是与传统有形空间不同的新质空间。

(一) 网络

一般来讲，网络由若干节点和连接这些节点的链路构成，表示诸多对象及其相互联系。在数学上，网络是一种图，一般认为专指加权图。在物理学上，网络是从某种相同类型的实际问题中抽象出来的模型。在计算机领域中，网络是信息传输、接收、共享的虚拟平台，通过它把各个点、面、体的信息联系到一起，从而实现这些资源的共享。❶ 本书中，网络主要是指计算机网络。

(二) 互联网

互联网（Internet），全称为国际互联网，又称因特网，是一个全球性的计算机网络系统，它借助现代通信和计算机技术实现信息全球快捷、有效的传递。随着计算机技术的迅速发展，在计算机上处理的业务也由基于单机的数学运算、文字处理和基于简单连接的内部网络的内部业务处理、办公自动化等发展到基于复杂的内部网（Intranet）、企业外部网（Extranet）、全球互联网（Internet）的计算机处理系统和世界范围内的信息共享与业务处理。在系统处理能力提高的同时，系统的连接能力也在不断提升。

1946 年世界上第一台计算机 ENIAC 在美国诞生。23 年后，全球第一个网络"阿帕网"又在美国诞生。阿帕网将加利福尼亚大学、加利福尼亚大学洛杉矶分校、斯坦福大学研究学院、犹他州大学的四部计算机主机通过分组交换技术连接起来。1972 年阿帕网主机数量发展到 40 个，但其覆盖范围仅限于从事军事技术研究的政府科研机构和高等院校，用途局限于彼此传送电子邮件和文件传输。

为屏蔽不同网络硬件的差异，解决网络之间的互联互通问题，1973 年美国高级研究计划署（Advanced Research Project Agency，简称 ARPA）启动了名为 Internetting 的互联网研究项目，由此使得 TCP/IP 协议出现并发展。1980 年前后，阿帕网上所有的计算机都开始采用 TCP/IP 协议。

1983 年加州大学伯克利分校推出第一个内含 TCP/IP 协议的操作系统 BSD UNIX，满足了当时绝大多数大学的联网需求，从而使阿帕网迅速覆盖了美国大

---

❶ 百度百科. 网络 [EB/OL]. [2020 – 06 – 12]. https://baike. baidu. com/item/% E7% BD% 91% E7% BB%9C/143243L.

学 90% 的计算机。通常认为，1984 年前后国际互联网基本形成。

1985 年美国国家科学基金会（NSF）开始资助 TCP/IP 和互联网的研究，并建立 NSFNET，逐步取代阿帕网。1993 年高级网络和服务公司（ANS）完成了 NSFNET 的建设，互联网进入了商业化时代。此后，商业主干网迅速发展，成为互联网的主要通信干线。此时，互联网已经连通了全球，形成了互联网发展的第一次浪潮。

（三）信息网络：万维网

万维网（WWW）是 World Wide Web 的简称，也称为 Web、3W 等。WWW 服务器通过超文本标记语言（HTML）把信息组织成为图文并茂的超文本，利用链接从一个站点跳到另一个站点，从而彻底摆脱了以前查询工具只能按特定路径逐步查找信息的限制。❶

互联网发展的第一次浪潮实现了广泛的网络互联互通，大大促进了信息的共享和交流，但在网络的应用上有两个问题必须解决：一是能否不按照文档的具体存放位置，而是根据内容进行查询；二是能否用统一的格式对音频、视频、图片、文字等各类资源进行标注。

为解决第一个问题，引入了超文本（Hypertext）这一革命性的概念。所谓超文本，是指"用超链接的方法，将位于不同空间的文字信息组织在一起的网状文本。超文本是一种用户界面范式，它允许我们从当前阅读位置直接切换到超文本链接所指向的位置。"❷ 有了超文本链接，就可以把网络上的各种信息资源连接起来，形成万维网。为解决第二个问题，引入了统一资源定位符（URL）来标识万维网上的各种文档，并使每一个文档在整个互联网的范围内具有唯一的标识。

超文本标记语言 HTML 和超文本传输协议 HTTP 这两项关键技术很好地解决了超文本文档的标准化展现和用户的快捷使用问题。HTML 消除了不同计算机之间信息交流的障碍，HTTP 协议则定义了浏览器（万维网客户进程）怎样向万维网服务器请求万维网文档，以及服务器怎样把文档传送给浏览器。

万维网本质上是一个大规模的、联机式的信息网络，万维网的出现和发展带

---

❶ 徐梅，陈洁，宋亚岚. 大学计算机基础 [M]. 武汉：武汉大学出版社，2014.
❷ 百度百科. 超文本 [EB/OL]. [2020 - 06 - 12]. https://baike.baidu.com/item/% E8% B6% 85% E6% 96%87% E6%9C%AC.

来了互联网发展的第二次浪潮。20世纪90年代末至21世纪初，互联网在全世界范围内得到高速发展和普及，全球具有代表性的互联网公司开始涌现。毫不夸张地说，互联网是人类社会自印刷术发明以来最伟大的变革之一。2004年万维网发明者、英国科学家蒂姆·伯纳斯·李（Tim Berners－Lee）被授予首届"千年技术奖"。

二、网络发展的多维延伸

在互联网的进一步发展中，网格技术、云计算、物联网、社交网络及移动互联网等各种新技术都在发挥着不同的重要作用。这些新技术使网络不再局限于计算机之间的互联，不同的设备、不同的系统、不同的人利用技术手段相互联系起来，网络从一个维度被拓展到多个维度，并链接了整个信息世界、物理世界和人类社会，网络被赋予了新的意义，人类世界由此进入网络空间的新时代。

（一）网格计算

网格计算是20世纪末在国际上兴起的一种重要的信息技术。互联网实现了计算机硬件的连通，万维网实现了网页的连通，而网格则试图实现互联网上所有资源的全面连通，包括计算机资源、存储资源、数据资源、软件资源、信息资源、知识资源等。网格技术的目标是采用开放的标准，实现网络虚拟环境中的资源共享和协同工作，消除信息孤岛和资源孤岛，给人们提供随取随用的各种资源，让人们使用网络资源就像用电一样简单方便。

美军于1999年首次提出了建立"全球信息栅格"（GIG）的计划，并于2000年3月向国会正式提交了启动全球信息栅格项目的报告。GIG是由可以链接到全球任意节点的信息传输能力、相关实现软件和对信息进行传输处理的操作人员组成的网格化的信息综合体系。GIG的建设目标包括以下四点：①信息获取全球化，指GIG能够实现覆盖全球的军事信息的采集和发布，不受地域、天候和时间的限制；②信息交换全维化，指GIG的"局部提供，全球共享"思想，通过全维、立体、多频谱、多节点的网格化信息交换来实现；③信息处理智能化，指GIG能够将信息获取能力最大限度地转化为科学决策能力和作战能力；④信息设

施兼容化，指实现任意数字化设备与 GIG 相联，从而提升整体战斗力水平。❶
GIG 是美军网络中心战的关键技术支撑系统，更是未来网络空间作战的关键技术
支撑系统。

（二）云计算

云计算是一种新型互联网服务模型，它使用网络将分散在世界各地的计算资
源和存储资源等整合起来，形成一个共享池，从而使用户可以方便、高效地获取
网络服务。云计算不是一种全新的网络技术，而是一种全新的网络应用概念。❷

2006 年 8 月，谷歌首席执行官埃里克·施密特（Eric Schmidt）在搜索引擎
大会上首次提出"云计算"（Cloud Computing）的概念。此后，"云计算"成为
计算机领域最受人关注的话题之一，也是大型企业和互联网公司着力研究、建设
的重要领域。

2008 年微软发布其公共云计算平台（Windows Azure Platform），由此拉开了
微软的云计算大幕。2009 年 1 月，阿里巴巴在江苏南京建立我国首个"电子商
务云计算中心"。同年 11 月，中国移动云计算平台"大云"计划启动。云计算
拥有很多传统网络所没有的特点，主要包括：①规模庞大；②虚拟化；③伸缩性
强；④资源的池化；⑤按需自助服务；⑥成本低廉。❸

云计算通常包括三种服务模式：①基础设施即服务（IaaS），主要是以服务
的形式向用户提供基础的虚拟硬件设施（如虚拟服务器、虚拟网络、数据管理库
和其他基本虚拟资源）；②平台即服务（PaaS），主要是向用户提供一个开放的
环境或平台，用户可以在平台上部署自己的应用程序，完成程序的配置和执行；
③软件即服务（SaaS），通过网络提供软件服务，最常见于现实应用中。SaaS 平
台供应商将应用软件统一部署在自己的服务器上，客户根据需求通过互联网向厂
商定购所需的应用软件服务，并通过互联网获得 SaaS 平台供应商提供的服务。
云计算是信息时代的一大飞跃。云计算的提出使互联网技术和信息技术（IT）服
务出现了新的模式，进而引发了一场变革。

---

❶ 李光. 美军 GIG 技术发展现状及对我军的启示 [J]. 信息化研究, 2016 (2)：5-8.
❷ 翟馨沂. 云计算环境下 RBAC 模型的研究与设计 [D]. 北京：北京邮电大学, 2019.
❸ 同❶.

（三）物联网

物联网（Internet of Things，简称 IoT）是人类进入 21 世纪继互联网之后的又一重大科技创新。"物联网是指通过信息传感器、射频识别技术、全球定位系统、红外感应器、激光扫描器等各种装置与技术，实时采集任何需要监控、连接、互动的物体或过程，采集其声、光、热、电、力学、化学、生物、位置等信息，并通过各类网络接入，实现物与物、物与人的泛在连接，实现对物品和过程的智能化感知、识别和管理。"❶

物联网的应用涉及方方面面。物联网在工业、农业、环境、交通、物流、安保等基础设施领域的应用有效地推动了这些领域的智能化发展，使得有限的资源得到更加合理的分配使用，从而提高了行业效率和效益。物联网在家居、医疗健康、教育、金融、服务业、旅游业等日常生活领域的应用极大地提高了人们的生活质量；在军事领域，大到卫星、导弹、飞机、潜艇等大型武器系统，小到单兵作战装备，物联网技术的嵌入有效提升了武器装备的智能化、信息化、精准化，极大地提升了军事战斗力，是未来军事变革的关键。

（四）社交网络

社交网络即社交网络服务（Social Network Service，简称 SNS）。根据 We Are Social 与 Hootsuite 合作发布的《2020 年全球数字报告》，2020 年度全世界社交媒体活跃用户数超过 38 亿人，比 2019 年度增长了 10%。❷ 社交媒体已成为全世界人们日常生活中不可或缺的一部分。

随着计算机技术的迅速发展和移动设备的广泛普及，在线社交网络已经取代传统新闻媒体，成为信息传播和扩散的主要平台。特别是近几年来，在线社交网络的用户呈现爆炸式增长，人们通过手机等便携式终端便可随时随地加入社交网络进行娱乐、发送消息及评论新闻等。社交网络已经渗透到人们生活、学习、工作的方方面面。

根据 2019 年全球社交媒体日活跃用户数量排行榜，脸书（Facebook）、优兔

---

❶ 刘陈，景兴红，董钢. 浅谈物联网的技术特点及其广泛应用 [J]. 科学咨询，2011（9）：86.

❷ 2020 年全球数字报告 [EB/OL].（2020 – 03 – 26）[2020 – 09 – 20]. http://www.doc88.com/p - 20429058583573.html.

（YouTube）和瓦茨艾普（WhatsApp）占据全球社交媒体日活跃用户数量前三名。中国的互联网平台凭借广阔的市场优势和日益深入的海外战略，同样在全球社交媒体领域扮演着重要的角色。微信（WeChat）、QQ 和新浪微博的日活跃用户数量分别排在全球社交媒体的第五、七、十位。推特（Twitter）和领英（Linkedln）等老牌社交媒体的日活跃用户数量则分别列第十二位和第十四位。❶

（五）移动互联网

移动互联网（Mobile Internet，简称 MI）是移动通信网和互联网相互渗透、融合发展的产物，是互联网的技术、平台、商业模式和应用与移动通信技术结合并实践的活动的总称。

移动互联网继承了移动通信随时、随地、随身和互联网开放、分享、互动的优势，是一个全国性的、以宽带 IP 为技术核心的，可同时提供语音、传真、数据、图像、多媒体等高品质电信服务的，由运营商提供无线接入，互联网企业提供各种成熟的应用的新一代开放的电信基础网络。

通过移动互联网，人们可以使用手机、平板电脑等移动终端设备浏览新闻，还可以使用各种移动互联网应用，如在线搜索、在线聊天、在线游戏、在线影视、在线阅读、收听及下载音乐等。其中，移动环境下的网页浏览、文件下载、位置服务、在线游戏、视频浏览和下载等是主流应用。移动互联网将是未来十年内最有创新活力和最具市场潜力的新领域，相关产业已获得多方资金包括各类天使投资的强烈关注。

目前，移动互联网正逐渐渗透到人们生活、工作的各个领域，深刻改变了信息时代的社会生活。近几年，从 3G 经 4G 到 5G，网络信号的跨越式发展使得身处大洋和沙漠中的用户亦可随时随地保持与世界的联系。当今现实世界已进入崭新的移动互联时代。

三、三元世界构成的网络空间

进入 21 世纪后，互联网移动化、智能化发展趋势明显，人工智能、物联网、

---

❶ We Are Social. 2019 年全球数字报告 ［EB/OL］. （2019 - 02 - 02）［2020 - 03 - 15］. http://www. 199it. com/archives/829519. html.

大数据等新一代信息技术日新月异，与生物、能源、材料、神经科学等领域交叉融合，引发了以绿色、智能、泛在为特征的群体性技术变革。新技术、新产业、新模式、新应用、新业态不断涌现，人类正在步入代际跃迁、全面渗透、加速创新、万物互联的新阶段。❶

如果将人类生活的社会称为物理世界，将互联网称为信息世界，则物联网技术通过在基础设施和生产设备上大量安装传感器，捕捉和分析运行过程中的各种信息，智慧地管理基础设施和生产设备，将物理世界的社会基础设施与信息基础设施（互联网、计算机、数据中心等）整合在一起，实现了物理世界与信息世界的融合。

社交网络的发展为人们的交流、互动提供了更为宽广的平台。社交网络是一个开放的空间，每个人都可以在社交网络上与任何一个国家、地区、行业、阶层的人进行沟通和交流。移动互联网的发展则使信息的共享和传播速度大大提高。社交网络、移动互联网实现了人类社会与信息世界的融合。

网格计算、云计算技术将大量的计算服务器集群、存储服务器集群等整合为一体，根据用户的需求为用户提供不同的运算、存储能力，为物理世界、人类社会的信息存储和快捷计算提供了实现的方法。

上述相关技术的飞速发展将人类社会、信息世界及物理世界紧密地联系在一起，形成了一个与陆、海、空、天同等重要的第五维空间——网络空间。从计算机网络到互联网再到网络空间，不只是简单的名词变化，其内涵、外延也得到了很大的拓展：

一是从计算机网络扩展到所有的信息环境，包括电信网络、工业控制系统等。网络空间不再仅仅是互联网，还包括无法通过互联网访问的众多计算机网络。

二是从计算机网络设备拓展到使用各种芯片的嵌入式处理器和控制器。网络空间所包含的设备不再仅仅是实现网络连通的路由器、交换机、计算机，还包括各种嵌入式设备的核心处理器。

三是信息传输的方式有了巨大的改变。一方面，不再仅仅局限于有线连接，红外、蓝牙、Wi-Fi 等技术的发展使通过无线网络传输信息更为便捷；另一方

---

❶ 中国网络空间研究院. 世界互联网发展报告 2020 [R]. 北京：电子工业出版社，2020.

面，网络空间中信息传输的频谱也从光电频谱拓展到各种光、电和无线载波形式。

四是网络空间的信息种类更多。从物理设施扩展到网络传输、存储、处理、使用的各类信息，不再仅仅是万维网上的文档信息，更多地涉及了物理世界、信息世界及人类社会相关的各种信息。

网络空间作为与陆、海、空、天并列的"第五空间"，是国家的新疆域，战略地位不言而喻。网络空间不再是任人开发的荒原河滩，不再是单纯的技术竞争场所，而是一个新型的军事空间、外交空间和意识形态空间。美国把网络空间、太空空间和海洋空间视为三大"全球公共空间"。

第二节 网络空间的概念

网络空间的出现是人类科技文明进步的必然产物，网络空间是当今社会的基础活动空间。网络空间铸就了经济发展的新引擎，形成了政治博弈的新领域，衍生了文化交流的新媒介，被称为承载政治、经济、军事、文化、民主的崭新空间。网络空间安全直接关系到国家的政治安全、经济安全、军事安全、文化安全。正如当年马汉预言"谁控制了海洋，谁就控制了世界"、杜黑预言"谁控制了天空，谁就控制了世界"一样，当今世界，谁能控制网络空间，谁就能控制世界。

一、网络空间的定义

网络空间源于英文 cyberspace 一词。美国作家威廉·吉布森在其小说《融化的铬合金》中首次创造出 cyberspace（网络空间）这个词，并在小说《神经漫游者》中广泛使用。吉布森把网络空间称为一种"交感幻觉"，将它描述为可带来大量财富和权力信息的计算机虚拟网络。在吉布森看来，现实世界和网络世界相互交融，人们可以感知到一个由计算机创造但现实世界并不存在的虚拟世界，这个充满情感的虚拟世界影响着人类现实世界。

当年，吉布森描述的网络空间还处在科学幻想阶段。随着网络信息技术的快速发展和普及，科幻正慢慢变成现实。如今，网络空间已经发展成为影响国家安全和发展的新兴空间，是国家间战略博弈的重要战场，是一个具有鲜明主权特征的新型军事空间、外交空间和意识形态空间。

世界各国关于网络空间的定义不尽相同。美国虽然处于计算机领域研究的最前沿，但是对于网络空间的概念也没有一致的认识。美国国家安全总统令对于网络空间给出的定义是："网络空间是一个相关联的信息技术基础设施的网络，包括互联网、电信网、计算机系统和关键行业中的嵌入式处理器及控制器。通常在使用该术语时，也代表信息虚拟环境，以及人们之间的相互影响。"❶

英国在网络安全战略中指出：网络空间是所有形式的网络数字活动形态，包含通过数字网络进行的操作和内容。❷

《网络行动国际法塔林手册2.0版》指出，网络空间分为物理层、逻辑层和社会层。物理层主要指物理网络组成部分（硬件和其他基础设施，如电缆、路由器、服务器和计算机）。逻辑层由网络设备之间存在的连接关系构成，包括保障数据在物理层进行交换的应用、数据和协议。社会层包括参与网络活动的个人和团体。❸

虽然不同国家、不同学者关于网络空间的定义不尽相同，但也存在一些相似之处，即网络空间是人类社会活动空间，它由连接各种信息技术基础设施的网络和其承载的信息活动构成，包括互联网、各种电信网、各种计算机系统及各类工控系统中的各种嵌入式处理器和控制器等，同时涉及虚拟信息环境，以及人和人之间的相互影响。

二、网络空间的属性

网络空间源自互联网，但是它所具有的内涵、外延远远大于互联网，因此也比互联网具有更多的特征。网络空间的属性特征主要体现在以下三个方面。

---

❶ The White House. Cyberspace policy review ［R］. Washington D. C. , the White House, 2009.
❷ Cabinet Office. Cyber security strategy of the United Kingdom: safety security and resilience in cyberspace ［R］. Norwich: the Stationary Office, 2009.
❸ 迈克尔·施密特. 网络行动国际法塔林手册2.0版 ［M］. 黄志雄，等，译. 北京：社会科学文献出版社，2017.

1. 实体属性

网络空间的实体属性源自网络空间中获取、传输、处理、存储信息的基础设施及与其配套的设施。这些设施主要包括：以互联网为代表的计算机网络系统；电信网；各类无线通信系统，如长波、短波、超短波、微波电台系统、电子标签（Radio Frequency Identification，简称 RFID）等；军事网络系统，如指挥控制网络、探测预警系统、敌我识别系统、导航定位系统等；工业控制系统；为不同领域、不同部门设计的各类型专门信息系统及相关的配套设施。

2. 逻辑属性

网络空间的逻辑属性主要是指在网络空间中不同系统所具有的代码及与其相对应的数据。网络空间的逻辑属性是一把双刃剑。一方面，合理利用网络空间的逻辑属性可为信息处理提供最基本的方法；另一方面，随着网络空间在社会、经济等领域所起的作用越来越大，各种计算机系统、嵌入式系统的代码、数据成为人们必须考虑的重要安全问题。

网络空间的逻辑属性对网络空间安全的影响主要体现在安全漏洞、恶意代码、僵尸网络、"明暗间谍"四个方面。

（1）安全漏洞

由于具有高危害性、多样性和广泛性，在当前网络空间的各种博弈行为中，安全漏洞作为一种战略资源而被攻防双方高度关注。目前，大多数的网络恶意行为都是利用安全漏洞突破目标的防护系统。同时，零日漏洞的大量存在使得网络空间的安全形势更为严峻。

（2）恶意代码

恶意代码主要有计算机病毒、特洛伊木马、蠕虫、逻辑炸弹、Rootkit、恶意脚本等。

（3）僵尸网络

僵尸网络是攻击者出于恶意目的，传播僵尸程序，控制大量主机，并通过一对多的命令与控制信道组成的网络。僵尸网络是从传统恶意代码形态，如计算机病毒、网络蠕虫、特洛伊木马和后门工具等进化而来，并通过相互融合发展而成的，是目前最为复杂的攻击方式之一。

（4）"明暗间谍"

"明暗间谍"是指以发行的软件或系统作为"间谍"，从事信息收集和系统控制等活动。"明暗间谍"主要包括三类：第一类是软件厂商为软件预留的远程维护接口，第二类是故意留下的后门，第三类是专门的信息收集软件。

3. 社会属性

网络空间的社会属性是指网络空间将人与机器的距离无限拉近，使人与虚拟空间相融合。人们可以通过网络获取、学习不同的知识，并通过网络形成与现实社会相同或类似的各种各样的关系群体。最能体现网络空间社会属性的当属社交网站，其影响也最大。例如，突尼斯的"茉莉花革命"、埃及政局变革、英国的社会骚乱等，社交网站都发挥了决定性的作用。

第三节　网络空间的战略地位

随着社会信息化的深入发展，人类已经进入网络空间的新时代。网络空间逐渐成为人们生产与生活的新空间、信息传播的新渠道、文化繁荣的新平台、社会治理的新载体、国际合作的新纽带。网络空间全面影响着政治、经济、军事、文化等各个领域，深刻改变了人类社会的发展进程。

一、网络空间驱动经济发展、人民生活改善

互联网创造了新的需求和供给，加速了生产、就业、分配、消费等各个环节的重构，提升了信息共享程度和资源配置效率，促进了生产力的极大跃升和生产关系的深刻调整。特别是在全球经济面临升级转型和结构调整的背景下，数字经济已经成为发展最迅速、创新最活跃、辐射最广泛的经济活动，成为全球经济发展的新引擎。

网络空间改善了民众生活。目前全球互联网用户已经接近45亿人，越来越多的人搭乘互联网发展的快车，通过互联网了解世界、掌握信息、交流思想、创

新就业、丰富生活、改变命运。互联网建设起四通八达的信息"高速公路",通过泛在的网络信息接入设施、便捷的"互联网+"出行信息服务、全天候的指尖网络零售模式、"一站式"旅游在途体验、数字化网络空间学习环境、普惠化在线医疗服务、智能化在线养老体验等全面开启了人类智慧生活的新时代。❶

二、网络空间颠覆传统文化传播方式,推动文化繁荣

互联网基于即时性、开放性、互动性等特点,日益成为信息生产和传播的主要渠道,"人人都有麦克风,个个都是自媒体"成为现实。互联网改变了传统的单向传播、中心化传播方式,使舆论生态、媒体格局、传播方式发生变化,信息无处不在、无所不及、无人不用,特别是移动互联网的快速发展使得社交媒体迅速扩张。❷ 社交媒体社会动员能力、舆论影响能力的日渐增强推动信息爆炸式增长、裂变式传播。思想、文化、信息在网络空间以数字形式在全球范围内广泛汇集、自由流动,有效地促进了不同文化、文明之间的交流互鉴,为保护和展现人类文明的多样性提供了广阔空间;优质文化产品的数字化生产和网络化传播推动了各国、各民族优秀文化的广泛弘扬,充分展现了世界多种文明并存、多样文化交融的生动景象。

三、网络空间改进社会治理、优化公共服务

网络空间为社会治理提供了新的平台,为公众参与公共事务提供了新的渠道。移动互联网丰富了公共服务范围,云服务为电子政务系统提供了更加灵活的建设和运营维护模式,大数据成为支撑政府科学决策、精准管理的重要工具,这些都推动了社会治理从单向管理向双向互动转变、从掌握样本数据向掌握海量数据转变,为提升国家治理体系和治理能力的现代化水平提供强有力的支撑。自20世纪90年代美国政府提出打造电子政府计划以来,电子政务在世界各国得到了长足发展。美国推进联邦机构IT数字化改造,建立现代数字政府;中国加快

❶ 中国网络空间研究院. 世界互联网发展报告2019[R]. 北京:电子工业出版社,2019.
❷ 同❶。

推进"数字中国"建设，统筹发展电子政务，推进信息资源开放共享；其他发达国家的数字政府建设也不断加速。依托互联网的驱动，各国政府决策更加科学，社会治理更加精准，公共服务更加高效，公民参与社会治理的渠道更加畅通，知情权、参与权、表达权、监督权得到更好的保障。

四、网络空间深化国际合作，促进和平发展

随着互联网的发展，网络空间与现实空间交互融合，信息化伴随全球化加快演进，极大地促进了信息、资金、技术、人才等要素的全球流动，国际社会越来越成为"你中有我、我中有你"的地球村，求和平、谋发展、促合作、图共赢日益成为世界各国人民的共同愿望和追求。面对互联网发展带来的新机遇新挑战，国际社会越发认识到，互联网领域面临的问题需要国际社会共同解决，互联网发展带来的机遇需要国际社会共同享有，独享独占没有出路，共享共治方赢未来。近年来，围绕网络空间的对话协商更加深入，联合国、二十国集团、亚太经济合作组织、"一带一路"相关国家的网络合作不断加深，全球网络基础设施建设步伐日益加快，多层次数字经济合作广泛开展，网络安全保障能力不断提升，尊重网络主权的理念逐步深入人心，全球网络空间发展和治理朝着更加公正合理的方向迈进。

网络空间蕴含的政治、经济、军事战略潜力被各国有识之士所认识。为了能够在 21 世纪的竞争中占领先机，世界上许多发达国家和发展中国家都纷纷研究和制定本国的网络空间战略，发展本国的网络空间力量，研发网络信息技术，加快网络空间安全建设，加速网络空间作战准备。网络空间已成为世界各国全力争夺的战略制高点。

第二章　网络空间安全

网络空间安全意义重大。网络空间安全关乎国家安全、政治安全、经济安全和军事安全。当前，网络空间安全形势严峻，网络空间安全事件频发。网络空间安全问题源于网络空间的快速发展及其对社会各领域的全面渗透。世界经济和社会运行与网络空间的相互依赖、网络空间整体安全的防护需求是网络空间安全问题产生的主要根源。世界各国高度重视网络空间安全，多措并举，推动本国网络空间安全建设。

第一节　网络空间安全意义重大

一、网络空间安全关乎国家主权安全

主权安全是一国政治安全的基本保障。一方面，国家主权是一个国家固有的基本权利，信息网络使国家主权从领土、领海、领空扩展到网络空间，网络空间主权成为国家主权的重要组成部分。没有独立的网络空间主权，就谈不上国家主权的完整，捍卫网络空间主权成为捍卫国家主权的重要任务。另一方面，国家主权在网络时代又有其特殊性，受到新的挑战。

（一）网络空间无疆界性对国家主权的挑战

国家是有明确地理边界的政治共同体，但其在虚拟网络空间的边界却难以划分。网络空间的全球性、交互性和开放性打破了传统的地理距离和时间限制，现

实世界有界而虚拟世界"无界"的现状给网络空间主权管理造成了极大的困难。当今世界,网络空间核心产业为跨国企业巨头垄断,网络用户广泛分布在境内外,信息的自由流动使国家在网络空间行使主权时极其困难。国家主权在网络空间能否实现及实现程度与其网络技术管控能力有直接联系。技术弱国的网络运行和服务严重依赖美国等西方技术强国,其网络空间必然受制于美国等西方国家,网络空间主权很难得到保障和实现。

(二) 网络霸权主义对国家主权的挑战

网络空间的跨国性使单个主权国家难以有效捍卫和实现网络空间主权,网络空间主权高度依赖公平、公正的网络空间国际秩序。然而,美国等西方国家竭力推行"全球网络自由"政策,研发各种突破网络管控的技术,促压其他国家开放本国的网络空间。此外,美国依恃其在国际互联网中的垄断地位,控制网络的"封疆权"和"路由权",把持网络核心技术,主导网络空间国际规则的制定,使美国在现实世界中的霸权地位延伸到网络空间。

(三) 网络公共外交对国家主权的挑战

随着互联网的普及,网络成为公共外交的重要工具,网络公共外交蓬勃兴起。美国是网络公共外交的倡导者和践行者。在外交战略上,美国把网络公共外交作为推行"巧实力"战略的重要手段;在外交政策上,把"全球网络自由"作为其外交政策的重要目标,为巩固和扩大美国的网络霸权服务;在外交组织架构上,设立"网络外交办公室",指导改善美国国务院内外沟通协调方式;在外交手段上,充分利用网络新媒体宣传美国的立场和政策,致力于营造有利于美国的国际舆论环境;在外交对象上,着力拉拢以知名博主为代表的网络意见领袖,并广泛利用互联网向外国民众宣传美国。

网络公共外交绕开了主权国家政府,直接与对方民众交流,不仅相对弱化了对方政府的角色和作用,而且可能绑架对方民众舆论向政府施压,使网络公共外交成为干涉他国内政、从事渗透颠覆活动的工具。

(四) 网络空间非政府行为体对国家主权的挑战

跨国企业、非政府组织等传统国际政治非政府行为体借助互联网的力量提升其影响力，对传统国家主权的作用空前加大。中东地区"颜色革命"的现实表明，谷歌、推特、脸书等美国跨国互联网企业巨头的政治取向严重影响到一个民族国家的命运。同时，一些非政府组织充当美国及西方国家进行网络渗透活动的政治工具，已经严重威胁到一些非西方国家的政治安全。

二、网络空间安全关乎政治安全

政权问题是政治的根本问题。网络政治是社会网络化条件下出现的重大政治发展现象，对国家政权的命运和运作产生了深刻影响。网络政治拓展政权空间，丰富执政手段，催生新型政治行为体，增强社会平等，促进民主发展，强化公民监督，极大地推动了社会政治的发展。但与此同时，网络政治也给政权安全带来了新的挑战，少数国家政权甚至在网络政治的冲击下瓦解，对网络政治的引导成为维护政权稳定的难题。

（一）网络政治参与对政治稳定提出新挑战

当前，网络因其用户身份的平等性、言论的自由性、传播的快捷性、参与的便捷性和强大的圈群聚集、组织动员和舆论造势等特点，成为公民政治参与的重要载体，正深刻改变着传统的政治运作方式，给国家的政治稳定带来了新挑战。

（1）社会政治力量利用网络串联整合施压

互联网时代，不同的社会政治力量以社交网络为主要平台，以利益、政治倾向、热点议题、个人兴趣等为纽带迅速聚合，形成形形色色的网络社区、社群和网络组织，通过网络表达政治和利益诉求，甚至利用网络组织游行抗议活动，给社会治理带来巨大压力。

2020年7月，俄罗斯反对党领导人——自由民主党主席、哈巴罗夫斯克边疆区行政长官富尔加尔因涉嫌有组织犯罪而被捕的视频在互联网上曝光，引起当地民众在社交媒体上的广泛质疑，哈巴罗夫斯克随后爆发了史上最大规模的游行示威活动。自由民主党更是举全党之力向俄政府施压，要求释放富尔加尔。

在难循传统政治参与途径进入体制内以实现政治抱负的情况下，一些反对派利用社交媒体等传播途径来宣传政治主张和评议时政、聚集人气，成为网络"意见领袖",形成"网络权力",越来越多地影响和掣肘政府决策。

（2）网络舆论对政府的压力与日俱增

网络以其交互性、多媒体和超链接等特点形成了强大的信息生产、搜集、传播、整合、造势能力，通过聚焦形成强大的舆论声势，就社会热点、敏感问题影响政策决策，甚至造成"少数派的否决取代多数派的表决"的现象。互联网、新媒体以空前的深度、广度和速度影响着舆论格局的分布甚至政治权力的更迭。

（3）网络空间"公民社会"发展对执政基础形成挑战

执政基础是指执政集团的阶级基础、群众基础和社会基础，关键是获得民众的认可和支持。网络空间的全球化、开放性发展为不同政治信仰、价值观念的传播提供了极大的便利，一些社会矛盾和问题被放大，干扰民心取向，对执政基础造成了严重的威胁和挑战。

由于上述因素的作用，网络政治极易成为社会不稳定因素的制造者和催化剂。一个国家的政治稳定取决于政治制度化程度与公民政治参与进程之间是否协调，过度、发展过快的政治参与势必危及国家政治稳定。网络导致公民政治参与度空前快速高涨，体制外政治参与和非理性政治参与问题突出，是当前各国面临的严峻挑战。

（二）网络空间成为反政府活动的重要平台

互联网具有强大的串联整合、舆论造势、通信指挥功能，具有"打不断、禁不止、堵不住"的互联互通特点，已成为各国政治反对派突破执政当局封堵管控，组织、鼓动渗透、颠覆活动的"利器"。在北非和中东颜色革命事件中，就有有关政府反对派借助手机、互联网等媒介进行组织、串联和煽动活动。例如，2011 年突尼斯、埃及等国反对派通过推特发布集会示威消息，进行动员和串联，散布谣言，传播骚乱画面，对街头闹事起到极大的推动作用。

综合各国情况看，政治反对派网络对抗手法包括：①利用互联网组党结社，广设网络组织与落地勾连结社并举，整合反对势力，发展组织成员；②利用互联网建立通信指挥体系，通过电子邮件群组、网络会议等方式进行全球联络协调和境内外勾连活动；③打造网络媒体，研发推广突破网络封锁软件和自动散布信息工具，在境内大肆进行宣传渗透；④利用网络组织策划并宣传动员大规模游行集会，对政府发难，发动社会动乱。

三、网络空间安全关乎社会安全

网络空间与现实社会相互交织，影响现实社会安全的一些不良问题向网络空间蔓延渗透，特别是网络恐怖主义和网络犯罪活动等对社会安全构成严重威胁。

（一）网络恐怖主义严重威胁社会安全

网络恐怖主义是指恐怖组织有预谋地利用网络或攻击网络目标，开展以破坏目标国（地区）的政治稳定、经济安全，扰乱社会秩序、制造轰动效应为目的的恐怖活动，是传统恐怖主义向信息技术领域扩张的产物。近年来，恐怖组织通过网络收集情报、招募人员、募集资金、传播理念、沟通联络及组织开展恐怖活动的现象日益突出，甚至出现购买网络武器、发展网络攻击能力的苗头。

网络恐怖主义主要有以下几个特点❶：①把社交媒体作为传播恐怖主义的新工具。目前，社交媒体已经成为网络恐怖主义滋生和繁衍的"温床"，成为恐怖分子融资、招募新成员和教唆恐怖犯罪的新渠道。美国情报机构内部文件反映，"伊斯兰国"等恐怖组织利用脸书、推特、谷歌和优兔等社交媒体宣传"圣战"的趋势日趋明显。②把网站建设作为扩大影响的主要渠道。通过自建网站招募和训练恐怖分子，勾连聚合，散布恐怖信息，制造恐怖气氛，造成大范围恐慌和混乱，是目前网络恐怖主义的另一重要表现形式。③把国家重要信息基础设施作为攻击目标。从近两年的重大网络恐怖事件来看，网络恐怖主义活动的袭击目标种类繁多，包括政府、企业、公共设施乃至个人的计算机，其中金融、通信、交通、水电、石油管道等事关国计民生的重要基础设施信息网络系统频遭攻击，损失惨重。

（二）网络犯罪行为成为社会安全的隐患

网络犯罪，是指以计算机或信息网络为犯罪工具或攻击对象，实施的危害网络安全、触犯有关法律法规的行为。网络犯罪主要有三种类型：①以网络为工具进行的犯罪活动；②以网络为攻击目标进行的犯罪活动；③以网络为获利来源的

---

❶ 李休休. 社交媒体上的恐怖活动研究——以欧美国家为视角［D］. 上海：华东政法大学，2016.

犯罪活动。网络犯罪对社会安全稳定的危害性取决于网络的社会运用程度，社会网络化程度越高，危害越大。

网络犯罪是网络技术发展到一定阶段后产生的一种新型犯罪，其作案目标、方法和工具无不与网络技术密切相关，是一种高科技犯罪或高智商犯罪。目前网络犯罪呈现以下特点：①网络犯罪隐蔽性强，投入低，风险小，收益高。②网络犯罪主体中青少年居多。③网络犯罪的目标比较集中，犯罪目的多为非法占有财富或蓄意报复，作案目标主要集中在金融、证券、电信、大型公司等重要经济部门。④网络犯罪技术发展快，惩治网络犯罪的法规建设慢。❶

网络犯罪五花八门，归结起来主要有五种形式：①制作、传播计算机网络病毒。②窃取、复制、篡改或者删除网络信息。③网络经济犯罪，包括利用网络进行洗钱、信用卡诈骗、合同诈骗、非法经营、侵犯知识产权等。④网络侮辱、诽谤和恐吓犯罪，如恶意发送带有人身攻击色彩的信息或散布谣言，进行"人肉搜索"等。⑤网络色情传播犯罪等。

四、网络空间安全关乎经济安全

经济安全是指经济全球化时代，一国保持其经济存在和发展所需资源有限供给、经济体系独立稳定运行、整体经济福利不受恶意侵害和不可抗力损害的状态和能力。以信息产业和新兴服务业为主导的网络经济的兴起深刻改变了人们的生产、生活和工作方式，为经济社会发展注入了新的活力。然而，网络信息技术的发展与应用在推动经济增长的同时也带来了新的经济安全问题，其中对金融和能源、交通、供电等国家关键基础设施网络的影响尤为突出。

金融领域的网络安全风险主要包括：金融系统被瘫痪，硬件被破坏，数据丢失；用户的金融软件被修改，账户资产被转移；账户、密码及各种个人信息被篡改、盗用，股票、基金、债券等金融资产被盗取、变卖；网上洗钱活动猖獗。网络金融活动对银行信息系统的安全性和操作的规范性提出了更高的要求，各级金融机构在系统运维、技术保障和人员培训方面面临新的压力：①系统自身的威胁。主要是指由电子信息系统的软硬件故障、人为操作失误及内部控制程序不当

---

❶ 王智. 网络犯罪的新特点及预防对策研究［D］. 北京：中央民族大学，2021.

等引起的安全威胁。目前，金融机构联网程度不断提高，跨行业、跨银行的金融业务不断增多，对系统的安全性提出了更高的要求。②系统的外来威胁。系统遭受外来攻击可能是因为信息没有加密、未限制访问权限、操作系统存在漏洞及使用了静态的口令等。随着网络技术的发展与普及，金融系统已经成为国内外网络攻击的重要目标，甚至出现了黑客产业链。

能源、交通、电力、供水、卫生等国家关键基础设施网络通过网络协议交换数据、执行指令，实现安全运行。恶意入侵者可以通过植入信息或数据扰乱系统的运行，使其瘫痪，甚至接管这些系统的操控权。国家关键基础设施网络关系国计民生，任何局部干扰或蓄意攻击都可能引发严重后果，影响人们的正常工作和生活，造成重大损失。2019 年 3 月，位于委内瑞拉的古里（Guri）水电站遭遇网络攻击，由于重要供电系统遭到破坏，包括首都加拉加斯在内的多个城市的地铁和公交停运，移动通信也被中断。

五、网络空间安全关乎军事安全

军事安全是指国家处于不受战争威胁、军事入侵和军事利益不受侵害的状态。出于军事安全需要，主权国家平时为保卫国家主权和领土完整、有效抵御外来侵略进行必要的军事斗争准备，战时通过有效遂行军事行动达成既定目标。随着网络空间成为一个独立的作战空间并渗透、影响甚至决定其他作战空间，现代战争和军事行动日趋依赖网络，网络空间对于军事安全发挥着越来越重要的作用。

（一）提升整体作战效能

作战思想上，网络空间对作战由"基于毁伤"的消耗战向"基于效果"的快速决定性作战转变。传统战争多是比拼军事实力和经济实力的消耗战，通过摧毁敌方军事实力和战争潜力达成战略目标，而基于网络的信息化战争强调"基于效果"，不追求物理毁伤的最大化，突出精确作战，对敌战略、战役和战术重心及关键节点进行精确打击，以较小的代价迅速取得战争的胜利，避免持久战、消耗战。

作战指挥上，网络空间对作战由垂直树状指挥体制向谋求决策优势的扁平网状指挥体制转变。传统战争采用的是从上到下的垂直树状指挥体制，信息流程长，横向联系难，抗毁能力差。而基于网络的信息化战争利用先进的信息网络技术，减少指挥层级，加快信息传输，实现上自最高决策层、下至单兵的无缝链接，形成纵横一体的扁平网状指挥体系，将信息优势迅速转化为决策优势，进而快速形成行动优势。

作战方式上，网络空间对作战由以火力优势为基础的单系统或多系统叠加式对抗向以信息优势为基础的体系对抗转变。传统战争受物质技术条件限制，作战行动主要围绕武器平台进行，是以火力优势为基础的单系统或多系统简单叠加式对抗。而基于网络的信息化战争强调以信息优势为基础，将各作战要素有机融合，形成高度一体化的作战体系，使战场对抗成为整个作战体系之间的对抗。在这种系统对系统、体系对体系的对抗中，制信息权与制网权的争夺格外复杂激烈，并成为军事斗争的战略制高点。

力量运用上，网络空间对作战由兵力的集中向火力和效能的集中转变。传统战争多是大兵团集群作战，兵力运用灵活性差，作战节奏慢。而基于网络的信息化战争强调分散部署兵力，利用节奏优势和位置优势实施快速、同步、全维联合作战，力求火力的集中和作战效能的集中。

（二）丰富作战样式

作为一种全新的作战样式，网络空间战在现代战争中的地位和作用越发突出，并逐渐成为联合作战的有机组成部分。网络空间作战呈现平战结合的特点：平时，通过网络侦察获取敌方的作战信息，为战时打击做准备；战时，通过网络攻击破坏敌方的体系作战能力。网络空间作战在军事冲突中屡见不鲜，正在成为高技术战争条件下一种日益重要的作战方式。

网络空间对作战在目标对象、武器形态、作战力量和战术战法等方面有别于其他作战样式❶。

（1）目标对象方面

在陆海空天等作战领域，打击目标主要是战场设施、武器装备和作战人员，打的是消耗战，而网络空间作战主要是围绕信息的获取、利用和控制发起网络攻

---

❶ 敖志刚. 网络空间作战：机理与筹划［M］. 北京：电子工业出版社，2018.

击，造成敌方信息系统和武器平台运行异常、作战行动混乱，影响作战人员的认知和判断。

（2）武器形态方面

从破坏效果看，传统上认为威力巨大的武器有 A、B、C 三类。其中，A（Atomic）是原子武器，B（Biological）是生物武器，C（Chemical）是化学武器。现在还应该加上 D（Digital），也就是数字武器。网络空间作战利用数字武器，不是炮弹和子弹，而是近似光速流动的比特和字节。网络战士有时敲击一下键盘，发送或启动病毒武器，就能决胜千里之外。❶

（3）作战力量方面

网络空间作战是技术的较量、智慧的博弈，打的是"人尖"战略，而不是"人海"战术。从力量构成看，网络空间作战没有前方、后方之分，作战力量、保障力量和支援力量越来越融为一体。从力量要素看，网络空间作战力量是高素质复合型的人才群体，专业技术人才是网络空间作战的主体力量，每一个作战人员都必须具备过硬的军事素质和高超的技术能力。

（4）战术战法方面

网络空间作战战法主要有网络空间控制战、瘫痪战、渗透战、心理战等，除直接用于军事领域的斗争外，还运用于政治、经济、外交和科技等领域的非战争军事行动。在力量投送上，传统作战的军力集结被无形的、无所不在的兵力布局所取代，全方位向对手施压，却令对手难以判断来源、难以还击。在作战行动上，网络空间作战贯穿于和平、冲突、战争时期及战后重建全过程，既是战时大规模联合作战的重要构成，又是和平时期实现国家战略意图的有效手段。

（三）影响战争胜负

网络空间安全与否，能否保证一体化联合作战的有效遂行，将直接影响战争胜负，突出表现在以下三个方面。

1. 军事信息系统安全是现代战争的先决条件

确保军事信息系统安全，全面提升体系作战防御能力，是赢得未来战争的必

---

❶ 龚新华，韵力宇. 网络战 用看不见的方式摧毁你［N］. 中国青年报，2011 – 01 – 14（10）.

然要求。首先，军事信息系统在战场起到关键作用。军事信息系统将军队的所有侦察探测系统、通信联络系统、指挥控制系统和各种武器装备组成一个以计算机为中心的网络体系，各级部队与人员利用该体系了解战场态势、交流作战信息、指挥与实施作战行动。网络是信息实时流动的渠道，信息既是战斗力，也是战斗力的倍增器；作战单元的网络化增强了作战的灵活性和适应性。其次，军事信息系统是网络攻击的重点目标。攻击对手关键节点，瘫痪其军事信息系统，降低其指挥控制效能，是网络战的重要形式。威胁军事信息系统安全的因素存在于信息获取、信道传输和信息处理各个环节，并涉及人为因素、技术因素、环境因素和决策因素等各方面，一旦某个关键节点或环节出现问题，则可能影响整个体系的作战效能，关乎战争胜负。

2. 国家关键基础设施网络安全运行是现代战争的基础保障

国家关键基础设施网络涉及政治、经济、军事、文化、生活等各个领域，军队高度依赖民用基础设施，国防网络与民用网络密不可分、相连相通。网络空间作战是在保证己方网络信息系统、关键基础设施网络正常运行的前提下，为干扰、破坏敌方网络信息系统和关键基础设施网络而采取一系列网络攻防行动。对敌方的金融、交通、电力等关键基础设施实施网络攻击，破坏、瘫痪、控制其商用、政务、社会公共事业等网络系统，可给对方造成极大的心理威慑，达到不战而屈人之兵的效果。美国智库战略与预算评估中心就曾在研究报告《网络战：核武器之外的另一种选择？》中指出，网络武器已成为战略武器，网络战可造成与核战争相类似的灾难性打击效果，将对美电网、金融系统等关键基础设施造成严重威胁。

3. 信息情报优势是现代战争的制胜基点

信息情报在作战中的地位和作用日益突出，成为交战双方必争必保的一个重要领域。信息情报能力的强弱既是信息化作战能力强弱的重要标志，也是影响作战成败的关键因素之一。在未来战场上，通过庞大的信息网络系统，围绕信息获取、处理、传输、决策等领域的斗争将日趋激烈。

第二节 网络空间安全形势严峻

当今世界正处于大发展大变革大调整时期，不稳定和不确定因素日益增加，网络安全作为非传统安全的重要组成部分，越来越成为事关人类共同利益、事关世界和平发展、事关各国国家安全的重大问题。纵观近年来的全球网络安全形势，传统网络安全威胁与新型网络安全威胁相互交织，国内网络安全与国际网络安全高度关联，网上安全与网下安全密切互动，网络安全威胁与风险日益突出，世界网络空间安全形势发展进入新阶段。

一、网络空间演进给网络安全带来新变化

（一）网络空间技术演进使网络空间安全形势更加严峻

随着人工智能、大数据、区块链等新技术新业态的快速发展，网络空间发展不断呈现数字化、网络化、智能化态势，同时加大了网络安全防护压力。一方面，新技术新业态自身技术体系和业务管理还不成熟，存在安全漏洞等风险隐患，特别是近年来，人工智能和区块链等新技术的漏洞被大量利用。另一方面，新技术新业态给网络空间安全防护工作带来新的难题，不仅数据采集过度、个人隐私泄露加剧，深度伪造、算法推荐等技术的滥用更可能对国家安全造成重大危害。同时，网络空间的赋能效应也给网络安全带来更加复杂的挑战。

（二）网络空间外延效应使网络安全内涵更加广泛

人类社会正处于从信息化社会向智能化社会转变的转折点，天基互联网、物联网、云计算、人工智能、生命科学等领域的创新所带来的物理空间、网络空间和生物空间三者的高度融合可能对人类社会产生颠覆性影响。网络安全防护对象由传统的计算机、服务器拓展至云平台、大数据和各种终端设备，网络安全边界不断外延，网络安全防护范畴不断扩大。网络漏洞的广泛分布使得实施有效保护的成本更高、压力更大。攻击目标的广泛性和保护的非全面性为攻击者提供了大

量的攻击机会。此外，网络的匿名性导致的"敌暗我明"也增加了主动防御的难度。

二、大国竞合博弈给网络安全带来新挑战

（一）网络安全日益成为大国竞争博弈的重要工具

人类在现实空间的对抗延伸至虚拟空间，网络空间的大国关系成为现实空间大国博弈的映射和延展，网络安全争端可能升级为现实世界的冲突。网络安全已不仅仅体现在技术范畴，而且逐步成为国家间对抗及遏制战略竞争对手的重要工具。美国在网络空间奉行所谓"先发制人、积极主动"的战略，将网络战与传统军事打击相结合，还打着维护网络安全的幌子对他国实施供应链断供、技术封锁等，阻断正常自由贸易，甚至不惜动用国家力量打压他国企业，使得网络空间安全成为全球自由贸易的新壁垒，加剧了网络空间的碎片化、军备化及对抗对立趋势。

（二）维护网络空间和平与稳定的国际机制尚未建立

随着新兴国家在网络空间的不断崛起，其在网络安全国际规则制定中的参与度递增。当前，网络安全国际规则的制定进展无法满足新兴国家维护自身利益的需求，也不能适应网络安全的新形势。在现实政治空间，国际安全体系、经济体系、政治体系、传播体系及科技体系等二战后建立的国际制度体系正面临深刻的转型，包括各国政府、行业组织、企业在内的国际社会并未对秩序转型的方向、影响达成共识，如何应对国际体系的战略不稳定及建立适应信息时代的网络空间战略稳定成为新的挑战。❶

三、世界网络安全威胁呈现新特点

近些年来，重大网络安全事件呈现高发态势，网络攻击、网络犯罪、隐私泄露等各类安全事件频发。其中，高级持续性攻击活跃，恶意程序泛滥，勒索病毒

---

❶ 中国网络空间研究院. 世界互联网发展报告 2020 ［R］. 北京：电子工业出版社，2020.

猖獗，大规模数据泄露事件时有发生，物联网安全风险不断加剧，世界网络空间安全形势不容乐观。

（一）APT 攻击

APT（Advanced Persistent Threat，高级可持续威胁，也称为定向威胁）攻击与地缘政治角力同频。近年来，具有国家背景的 APT 攻击已成为网络空间最严重的安全威胁。APT 攻击的组织及行动方式不断变化，但隐藏在 APT 攻击迷雾背后的是国家间网络力量的博弈与较量。地缘政治上不可调和的矛盾几乎是国家级 APT 攻击的起点。地缘政治局势越紧张、区域安全形势越复杂的地区，APT 攻击也最为严重、频繁且复杂。

瞄准工业自动化控制系统的 APT 攻击危害巨大。近年来，APT 攻击从以前的政治、军事、外交目标转向工控系统和关键基础设施领域，攻击效果与造成的损失难以统计和估量。相比于纯政治、军事、外交目标，对电力等工控系统和关键信息基础设施的网络攻击更易引发全民、全社会范围的"雪崩效应"。2019 年英国核电公司、印度库丹库拉姆核电站即遭受网络攻击。美国《原子科学家公报》表示，人类社会两个最大的安全风险——网络攻击与核威慑正在发生危险的碰撞，其严重后果完全可能演变为无法控制的人祸。

（二）恶意软件

面向 Web 的恶意软件增长明显。卡巴斯基公司的统计结果显示，其 Web 仿病毒平台在 2019 年发现了 2461 万款恶意软件，与 2018 年相比增长了 14%，约 20% 的互联网用户受到这些恶意软件的攻击。

勒索软件是近几年来造成损失最大、威胁最大的网络安全威胁。卡巴斯基公司发布的《2019 年 IT 安全经济学》调查报告指出，2019 年大约有 40% 的企业经历了勒索软件攻击事件。大企业在每起勒索软件攻击事件中的平均损失为 146 万美元。从攻击模式看，勒索病毒攻击呈现从"广撒网"转向高价值目标定向化攻击的趋势。从攻击特点看，勒索病毒迭代快、变种多、隐匿性强、传播广，追踪和防范难度很大。从攻击对象看，勒索病毒广泛攻击交通、能源、医疗等重要行业的关键信息基础设施，影响社会正常运行。从赎金金额看，勒索病毒赎金额度巨大且不断增长，勒索病毒 GandCrab 的运营团队宣称，仅一年半的时间内，其已获利 20 亿美元。

（三）数据安全

数据安全风险日益加剧，数据安全已成为网络空间中最突出的问题。一是大规模数据泄露事件高发，严重威胁个人隐私与企业利益。据统计，2018 年全球发生了 1100 多次数据泄露事件，一次性泄露一亿条以上数据的大型事件超过 100起，约占 10%，数据泄露总量高达 50 亿条。与 2017 年相比，不仅数量显著增长，涉及的行业也明显增多，从政府部门到零售巨头，从社交网站到国际性酒店，从银行到航空公司，数据泄露问题已然趋于常态化，企业商业利益及声誉均因此遭受严重影响。二是大数据分析技术滥用，冲击政治安全。2018 年 3 月曝光的"剑桥分析"数据公司利用 Facebook 用户数据进行"人物画像"，定点推送信息，以影响选民在美国总统选举和英国脱欧等政治事件中的投票倾向，引起全球哗然。该事件也标志着大数据利用从商业领域扩散至政治领域，使得单纯的数据安全问题上升为现实的政治安全隐患。

（四）物联网

当前物联网网络安全防护仍处于起步阶段，能力和水平较低，物联网系统面临恶意程序、木马病毒和恶意脚本的威胁，物联网网络安全风险较为突出。许多物联网设备制造商为控制成本，刻意忽略设备安全因素，未能及时修复已知漏洞，为网络攻击物联网设备提供了便利条件。Fortinet 2018 年第四季度威胁形势报告显示，全球十二大漏洞中有一半是物联网设备漏洞。

物联网安全问题给隐私保护带来了严重威胁。根据有关数据，每户家庭每天大约能够生成多达 1.5 万个离散数据点，但接入物联网的智能家居设备一般不具备防火墙等安全防护功能，黑客可以轻而易举地突破无线路由器等设备，继而操控设备并扩展至其他设备，窃取隐私信息。

四、全球网络空间军事化态势愈演愈烈

（一）网络空间战略密集出台，改变了传统的战争规则

根据美国战略与国际问题研究中心（Center for Strategic and International Studies,

简称 CSIS）和联合国裁军研究所（United Nations Institute for Disarmament Research，简称 UNIDIR）发布的指数报告，截至 2019 年年底，世界范围内已有 78 个国家发布了国家网络战略、31 个国家发布了网络军事战略、63 个国家发布了关键基础设施保护战略。其中，有 19 个国家形成了同时涵盖上述三类规划的战略体系。❶

作为网络空间军事化的始作俑者和网络空间军事变革的引领者，美国先后出台了《网络空间行动战略》《2015 年国防部网络战略》《2018 年国防部网络战略》等战略报告和政策法案，将网络空间导向军事斗争的主战场。在《2018 年国防部网络战略》中，美国提出"提高网络空间作战能力、前摄性制止有关恶意网络活动"，为美军实行先发制人的网络打击活动提供政策支撑。2017 年，北约通过《网络防御行动计划》，制定了将网络空间纳入作战领域的行动路线图。两年后，北约出台首部《网络作战行动概则》，为网络空间作战提供基本指南。2018 年 12 月，日本政府发布未来 10 年国防建设的纲领性文件《防卫计划大纲》，首次提出构建太空、网络等领域的多域联合防卫力量，重点加强网络作战快速响应能力及反击能力。网络空间战略的密集出台改变了传统的战争规则，对国际网络空间战略稳定构成了较大威胁。

（二）大规模网络军队建设加剧战争风险

美军网络司令部自 2010 年 5 月正式成立以来不断充实网络空间力量，总人数已达 6200 人。目前，美军网络司令部下设 133 支网络任务部队，从任务分工上看，网络部队包括 13 支国家任务部队、68 支网络保护部队、27 支作战部队和 25 支支持部队；从军兵种编成上看，有陆军 41 支、海军 40 支、空军 39 支、海军陆战队 13 支。❷ 可以说，美国的网络空间部队是世界上规模最大、实力最强、优势最明显的力量。北约在网络领域的力量建设主要围绕教育训练和应急作战两条轴线展开，分别对应两个中心——北约合作网络防御卓越中心和网络空间作战中心。德国网络作战指挥中心也于 2017 年 4 月 1 日在柏林正式启动。同年，俄罗斯国防部长绍伊古（Шойгу）在国家杜马发表演讲时宣布，俄军已经正式创建

❶ 杨楠. 网络空间军事化及其国际政治影响 [J]. 外交评论，2020（3）：69-93.
❷ 汪涛，彭浩泰. 美军网络部队：由防御为主向进攻转变 [EB/OL].（2017-12-16）[2020-12-09]. https://www.sohu.com/a/210929793_819742.

信息战部队。根据美国战略与国际问题研究中心（CSIS）和联合国裁军研究所（UNIDIR）发布的报告，截至 2019 年年底，全世界已有 100 多个国家成立了网络战部队。大规模网络军队建设加剧了战争风险，国家间网络战风险进一步加大。

（三）创新网络演训方式方法，增强网络攻防实战能力

鉴于网络威胁的现实性和破坏性，外军非常重视实战背景下的网络演习和训练活动，以此检验信息网络系统的安全性，提升军队、政府机构的网络攻防能力。在参演力量上，涵盖了军队、政府机构、预备役及民间网络力量。在方法模式上，普遍设置对手，确保演习的对抗性。在演训环境上，积极建设网络靶场，模拟己方及对手的信息网络环境。美国、英国、日本、加拿大及北约均建立了专业网络靶场。演练内容上，包括响应能力测试、防御漏洞查验、选举干扰分析等。

（四）先发制人攻势作战，慑战一体、多域融合

网络系统的庞大、复杂、脆弱导致网络防御的难度大、成本高，为此，美国等国家将自身的网络安全政策和作战思想由最初的全面防御逐步转变为先发制人的攻势作战，强调通过"防御前置、先发制人"的攻势作战消除潜在或现实威胁。在攻势思想的驱使下，网络战在国际冲突中屡见不鲜，而且攻击目标不再局限于军事目标。美国是最早将网络战应用于实战的国家。2009 年美军利用"震网"病毒对伊朗核设施实施网络攻击，导致 1500 多台离心机报废，伊朗核进程被按下暂停键。2020 年美军在刺杀苏莱曼尼后对伊朗革命卫队指挥控制及导弹、防空系统实施网络攻击，威慑、防止伊朗实施军事报复。一些非网络强国也提出利用非对称的网络能力对敌弱点实施先发制人攻击的理念，进而在网络博弈中达到以小博大、以弱制强的目的。

近年来的几场国际冲突中，网络战与火力战、电磁频谱作战、认知域作战等领域的多域融合趋势已经十分明显。例如，2020 年阿塞拜疆与亚美尼亚在纳卡地区爆发武装冲突的同时，双方在网络空间一方面展开网络攻防，另一方面也围绕国际国内舆论、军心士气、法理道义等展开了激烈的认知域对抗。当前，网络战的行动低烈度和模糊特性吸引着某些国际行为体不计后果频繁实施网络空间作战行动，冲突升级失控的风险正在不断叠加。

第三章　俄罗斯网络空间安全战略的发展演变

俄罗斯网络空间安全战略是俄罗斯综合一国之力，以实现网络空间安全为目标而制定的国家总方略。俄罗斯互联网历经起步、全面发展和网络空间新时代三个阶段，在这一进程中，俄罗斯逐步确立了独具特色的网络空间安全观。与互联网发展进程相对应，俄罗斯网络空间安全战略也经历了萌芽、全面发展和升级三个阶段。在网络空间安全战略的演进过程中，俄罗斯综合运用政治、军事、经济、科技、文化等国家力量，统筹指导本国网络空间安全建设，以维护网络空间的国家利益，消除基于网络空间的各类威胁与挑战，实现网络空间安全的目标。

第一节　俄罗斯网络空间发展历程

一、俄罗斯互联网起步阶段（1990—1999 年）

俄罗斯互联网的发展史可以追溯至 20 世纪 90 年代初。1990 年 8 月，国际非营利组织进步联盟（Association for Progressive Communications）在苏联设立分支机构格拉斯耐特（Гласнет），为极少数教师、律师和生态学家提供网络服务，支持其电子计算机借助芬兰赫尔辛基大学的端口访问欧洲计算机网络，此举被视为俄罗斯互联网的萌芽。❶

---

❶ 孙飞燕. 俄罗斯网络发展历程 ［J］. 俄罗斯研究，2004（1）：82 – 87.

1991 年 12 月，苏联解体，俄罗斯从苏联独立出来。独立之初的动荡局面客观上影响了俄罗斯互联网的发展进程，但与此同时商业和私有经济方面的限制也随之取消，自由市场的出现无疑给俄罗斯的民用互联网发展提供了转机。1991—1993 年，俄罗斯国内涌现了一批互联网运营商，如杰莫斯（Демос）、索瓦姆·传送（Совам Лелепорт）、列尔科姆（Релком）等。为了扩大自身的市场，各大运营商不断升级网络协议架构和服务技术，客观上推动了俄罗斯全国范围内高速信息网络的铺设。

1993 年 12 月 4 日，在互联网运营商大会上，俄罗斯主要的电信运营商达成共识并签署了域名管理协议，将国家级域名".ru"的管理和技术职责移交给了俄罗斯公共网络发展研究所。1994 年 4 月 7 日，俄罗斯公共网络发展研究所向互联网号码分配局（Internet Assigned Numbers Authority，简称 IANA）提交申请并成功注册了俄罗斯国家级域名.ru。

随着.ru 的成功注册，俄罗斯进入了互联网时代。在俄教育部的倡导下，俄高等学府和研究机构纷纷开启入网计划。1996 年，在俄罗斯大学计算机网络的基础上，一个连接了各地局域网和各科研机构的骨干网络（Russian Backbone Network）成功组建。该网络对内可以为俄罗斯科技部、教育部、国家通信委员会等机构的局域网提供联结节点，对外可以与欧洲、北美和亚洲的互联网实现连接。骨干网络的成功组建意味着俄罗斯境内原先"单打独斗"的局域网实现了互通有无的互联连接。与此同时，俄罗斯的互联网传输协议开始从文本传输向万维网技术转变。万维网所使用的超文本标记语言及超文本传输协议不仅支持文本的阅读，还支持图片、音频、视频、动画等多媒体交互呈现，大大拓宽了互联网在俄罗斯民众生活中的应用范围。这一时期，俄罗斯互联网在政治、经济、文化、教育、商业等领域实现了多个第一，详见表 3 - 1。

表 3 - 1　俄罗斯互联网发展大事记

时间	事件
1994 年 11 月	第一家电子图书馆（马克西姆·莫什科夫图书馆）成立
1995 年 1 月	第一家网页设计工作室（design. ru）成立
1995 年 2 月	第一家教育新闻资讯网站（Учительская газета）开放访问
1995 年 3 月	第一家商业信息网站开放访问
1995 年 12 月	杜马选举结果第一次在互联网上公布

续表

时间	事件
1996 年 2 月	第一个互联网聊天室（Кроватка. ru）开放注册
1996 年 9 月	第一个搜索引擎（Rambler. ru）创立
1996 年 12 月	第一家音乐门户网站（Music. ru）创立
1997 年 3 月	第一届互联网论坛举办
1997 年 9 月	新一代搜索引擎（Yandex. ru）创立
1998 年 4 月	第一家网店（O3. ru）开办
1998 年 8 月	第一家免费提供邮件服务的网站（Mail. ru）开放注册
1998 年 10 月	第一个电子支付系统成立
1998 年 12 月	第一家体育行业门户网站（Sports. ru）开放访问
1999 年 9 月	互联网运营商联盟成立
1999 年 11 月	互联网协会成立
1999 年 12 月	互联网博客时代开启

二、俄罗斯互联网全面发展阶段（2000—2009 年）

进入千禧年（2000 年），俄罗斯互联网进入全面发展时期。这一时期，俄网民数量大幅攀升，3G 技术加速覆盖，社交网络蓬勃发展，互联网开始成为俄罗斯公民重要的信息渠道和交流途径。除了传统的发送邮件、浏览新闻、搜索查询、阅读图书等功能，在线音乐、在线观影、在线交流、电子政务、电子商务、博客平台等与公民日常生活息息相关的互联网服务飞速发展。

（一）网民数量大幅增加

根据 Fastdata（极数）的统计数据，2000 年俄罗斯联邦互联网用户为 289 万人，到了 2009 年，这一数字扩大了约 20 倍，将近 6000 万人，占联邦总人口的 40% 左右。根据国际电信联盟的数据，2000 年俄罗斯每百位居民中手机蜂窝移动数据开通量为 2.23%，2006 年突破百分之百，2009 年达到 160.51%，在金砖国家中排名第一❶。移动设备入网率的提高意味着互联网络开始从固定终端走向

---

❶ ITU. Statistics mobile – cellular subscriptions［EB/OL］.［2020 – 01 – 11］. https://www.itu.int/en/ITU-D/Statistics/Pages/stat/default. aspx.

移动终端。表 3 - 2 所示为 2000—2009 年金砖国家每百位居民中手机蜂窝移动数据开通情况❶。

表 3 - 2　2000—2009 年金砖国家每百位居民中手机蜂窝移动数据开通情况　　　单位:%

国家	2000—2009 年每百位居民手机蜂窝移动数据开通比例									
	2000	2001	2002	2003	2004	2005	2006	2007	2008	2009
巴西	13.27	16.22	19.43	25.51	35.65	46.32	53.10	63.63	78.45	87.36
俄罗斯	2.23	5.31	12.13	24.99	51.17	83.52	105.07	119.50	139.28	160.51
印度	0.34	0.61	1.19	3.03	4.62	7.85	14.25	19.74	28.89	43.12
中国	6.61	11.15	15.76	20.52	25.31	29.56	34.45	40.66	47.37	54.90
南非	18.54	23.67	29.69	36.09	44.06	70.93	81.80	86.12	90.40	91.99

(二) 3G 服务加速覆盖

除了移动设备的普及，俄罗斯也加速了移动端电子通信技术的发展。2007年俄罗斯电信服务三巨头之一俄罗斯移动通信系统公司（MTS）从俄信息技术和通信部拿到了发展 3G 网络（IMT - 2000/UMTS 蜂窝通信）的服务许可证。2009年俄罗斯第一个 3G 网络在圣彼得堡出现。2010 年 5 月，MTS 年度报告称已在俄联邦境内 200 多个城市部署了第三代网络❷。第三代移动网络的普及无疑是具有划时代意义的，它意味着在俄罗斯电信通道的数据传输速率可达到 3.6MBit/s，是第二代网络的 5 ~ 7 倍，这意味着在移动设备终端通过互联网传输图片、音频甚至视频等多媒体内容成为可能。

(三) 社交网络蓬勃发展

随着计算机技术的迅速发展和移动设备的广泛普及，在线社交网络开始取代传统新闻媒体，成为俄罗斯公民人际交流、传播信息的主要平台。人们通过手机

---

❶ 需要说明的是，俄罗斯与巴西手机移动数据开通比例如此之高，一方面是因为本国无线网络的快速发展，另一方面则与运营商的注册要求有关。在俄罗斯和巴西，2010 年前办理手机 SIM 卡时无须提供身份信息，因此很多用户拥有多张 SIM 卡。事实上这种情况在所有国家都存在，只是其他国家的比例相对较小。因此，以不同国家的蜂窝数据订阅量来衡量国家无线网络发展水平只是一种估算。但鉴于表 3 - 2 中统计了 2000—2009 年的手机移动数据开通情况，因此纵向来看这一数据仍具有一定的参考价值。

❷ Интерфакс. ОАО «Мобильные Телесистемы» развернуло сети третьего поколения (3G) во всех регионах своего присутствия в РФ［EB/OL］.（2010 - 05 - 28）［2020 - 12 - 10］. https://digital. gov. ru/ru/events/25705/.

等便携式终端随时随地加入社交网络进行娱乐、发送消息及评论新闻等，社交网络已经渗透到人们生活、学习、工作的方方面面。俄社会舆论基金会互联网项目开发专家阿·杜日尼科娃（A. Дужникова）称，"全球互联网中社交网络的用户数量正以创纪录的速度增长，俄罗斯也没有脱离这一进程，俄罗斯人更倾向于选择国内的社交网络，而不是国际社交网络"。这一时期的统计数据表明，2009 年访问社交网络的俄罗斯互联网用户已超过全部互联网用户的一半，为 52%，其中约三分之一（31%）的用户每天访问一次 VKontakte（简称 VK），21% 的用户每天访问一次"同级生"（Одноклассники）。❶

综上所述，从 2000 年到 2009 年，俄罗斯互联网用户数量与互联网功能同步递增。到 2009 年年底，俄罗斯互联网已经实现了从科研、学习、工作的工具到网民日常生活方式的转变。蜂窝数据/无线网络 + 移动设备 + 社交网络的搭配开始进入寻常百姓的日常生活之中。

三、俄罗斯网络空间新时代（2010 年至今）

自 2011 年起，俄罗斯便已取代德国，成为欧洲地区网民总量排名第一的国家。俄国内信息化水平得到大幅度的提升，信息化发展指数也由 2012 年的全球第 31 位攀升至 2016 年的第 23 位，初步建立了电子形式的国家政务系统，电子商务稳定发展，以物联网、云计算、大数据为代表的新一代信息通信技术对经济和社会的驱动作用日益显现。互联网深度融入俄罗斯人民的生产生活，深刻改变着人们的生活方式和思维习惯。

中国网络空间研究院发布的《世界互联网发展报告》显示，2019 年俄罗斯互联网发展指数为 44.48，在统计的 48 个国家中排名第 17（美国排名第一，互联网发展指数为 63.86；中国排名第二，互联网发展指数为 53.03；韩国排名第三，互联网发展指数为 49.63）；信息基础设施得分为 4.31，排名第九（第一名为新加坡，得分为 6.00；第二名为挪威，得分为 5.17；第三名为瑞典，得分为 5.09），远高于中国（排名第 27，得分为 3.23）；互联网创新能力得分为 6.98，

---

❶ ВЦИОМ. каждый второй российский пользователь интернета посещает социальные сети［EB/OL］.（2010 – 05 – 25）［2020 – 08 – 07］. https://www.newsru.com/hitech/25may2010/rusocial.html.

排名第 19（美国得分为 9.10，排名第一；中国得分为 8.96，排名第二；日本得分为 8.90，排名第三）；互联网产业得分为 10.84，排名第 19，低于美国（排名第一，得分为 18.00）、中国（排名第二，得分为 15.68）、以色列（得分为 14.43，排名第三）；互联网应用得分为 11.31，排名第 29，远低于中国（得分为 13.90，排名第一）、英国（得分为 13.87，排名第二）、美国（得分为 13.86，排名第三）；网络安全能力得分为 2.68，排名第 17（美国排名第一，得分为 9.30；我国得分为 2.71，排名第 14）；网络治理能力得分为 8.36，与加拿大并列第三（美国得分为 9.50，排名第一；中国、日本、英国、法国、德国得分均为 8.55，并列第二名）（图 3 – 1）。❶

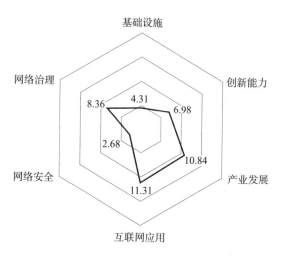

图 3 – 1 俄罗斯的互联网发展指数

（一）电子政务

俄罗斯建立了国家电子政务系统——用于保障国家和市政电子服务系统交互的基础设施识别和认证统一系统（ЕСИА）。2017 年俄罗斯已经有 65.7% 的公民利用电子政务系统获取国家和市政服务，其中利用移动设备获取国家和市政服务的居民占比达到 43.2%。居民对利用电子政务系统获取国家和市政服务的满意程

❶ 中国网络空间研究院. 世界互联网发展报告（2019）［R］. 北京：电子工业出版社，2019.

度较高，其中，完全满意的占 70% ，部分满意的占 28.4% ，不满意的仅占 1.1% 。❶ 近年来，在联合国经济及社会理事会的电子政务发展指数（EGDI）排名中，俄罗斯一直居于比较靠前的位置，2016 年排名第 35 位，2018 年排名第 32 位。

（二）电子商务

近年来，俄罗斯电子商务水平和规模有了很大的提升，电子商务已经成了俄罗斯现代经济不可分离的一部分，越来越多的消费者通过网络购买各种各样的商品或者进行电子交易。俄电子商务企业协会（АКИТ）的统计数据显示，2018 年俄罗斯电子商务市场规模达到 1.66 万亿卢布，同比增长 59% 。在线零售商 Yandex. market 占俄罗斯电子商务市场份额的 10% ，排名第一，天猫和阿里巴巴并列第二，占市场份额的 8.5% ，Ozon 排名第三，Wildberries 排名第四。❷ 2018 年度，15～74 岁居民中网购者占比为 35% ，大多数俄罗斯居民通过个人电脑完成在线交易，占比为 61% ，只有 35% 的人通过智能手机交易，4% 的人通过平板电脑交易，电子商务市场规模占 GDP 的比重为 2.5% ❸。

（三）社交网络

社交网络的发展同样引人注目，这一时期俄罗斯社交网络在使用人数、平均使用率和影响力等方面都有了质的飞跃。截至 2016 年 5 月，约有一半以上的俄罗斯网民通过社交网络沟通交流、分享信息，社交网络已成为俄罗斯覆盖用户最广、传播影响最大、商业价值最高的 web 2.0 业务。

俄罗斯社交网络极具多样性，且各具特点。2019 年 VK 月均活跃用户超过 9000 万，为俄罗斯最受欢迎的社交媒体平台。在即时通信领域，WhatsApp、Viber、Skype 位列前三，其中 WhatsApp、Viber 月均活跃用户超过 5000 万，为俄罗斯即时通信应用"霸主"，我国的微信排名第六，用户规模超过 500 万（图 3 –2、图 3 –3）。

❶ САБЕЛЬНИКОВА М А, АБДРАХМАНОВА Г И, ГОХБЕРГ Л М, и др. Информационное общество в Российской Федерации: статистический сборник 2018 [R]. М. : НИУ ВШЭ, 2018.
❷ 高际香. 俄罗斯数字经济发展与数字化转型 [J]. 欧亚经济, 2020 (1): 21 –37, 125, 127.
❸ Каким был онлайн – шоппинг в России в 2018 году [EB/OL]. (2019 –03 –19) [2020 –05 –28]. https://retail-loyalty.org/news/kakim-byl-onlayn-shopping-v-rossii-v-2018-godu/.

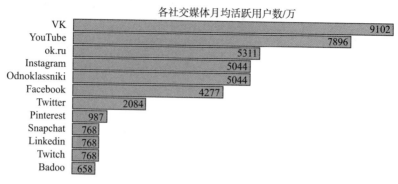

图 3-2　2019 年俄罗斯主要社交媒体月均活跃用户数

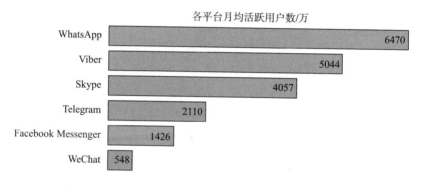

图 3-3　2019 年俄罗斯主要即时通信平台月均活跃用户数

（四）新一代信息通信技术应用

物联网发展渐成规模。物联网的应用已经涉及诸多方面，尤其是在工业、农业、交通、物流、安保等领域的应用，有效地推动了这些领域的智能化发展。截至 2016 年，俄罗斯物联网技术应用最多的是交通运输业，占市场份额的 43%；其次是公共安全和个人安全系统，约占市场份额的 20%；其他应用板块分别为银行业（占 12%）、住房和公共服务业（占 11%）、工业生产（11%）和其他行业（3%）。工业物联网是俄罗斯物联网发展的主要驱动力，其中 B 端用户（企业用户）占 97%，而 C 端用户（个人用户）仅占 3%。预测显示，未来俄罗斯物联网将加速发展，5 年内年均增长率为 20%～22%，到 2025 年市场规模将达到约 210 亿美元。❶

---

❶　高际香. 俄罗斯数字经济发展与数字化转型［J］. 欧亚经济，2020（1）：21-37，125，127.

云计算发展良好，云服务产品种类持续增加，成熟度不断提高，产业布局不断加大。据统计，2017 年俄罗斯公有云服务市场规模达 559 亿卢布，其中，"软件即服务"占比为 59.8%，"基础设施即服务"占比为 29.7%，"平台即服务"占比为 10.5%。目前，俄罗斯已经成为云服务出口国，在"软件即服务"板块，营收额的 5.1% 来自外国客户，约为 24 亿卢布；在"基础设施即服务"板块，外国客户贡献了营收额的 2.2%，约为 3.8 亿卢布。据预测，2018—2023 年俄罗斯公有云服务市场的年均增长率为 20%，2023 年市场规模将达到 1420 亿卢布。❶

综上所述，随着新一代信息通信技术的快速发展及其在生产生活中的普及运用，俄罗斯开始全面步入网络空间的新时代。网络空间逐渐成为俄罗斯经济发展、社会进步的基础空间，成为俄经济发展的新引擎、文化交流的新媒介，成为俄罗斯与美国等西方国家竞争的新领域。网络空间安全直接关系到俄罗斯的政治安全、经济安全、社会安全、文化安全等。

第二节　俄罗斯网络空间安全观

网络空间安全观是对网络空间客观认知的思维反映，对网络空间有什么样的认知就会有什么样的网络空间安全观。网络空间安全观与网络空间安全战略有着必然的内在逻辑关系，这种关系主要体现在以下几个方面❷：

第一，网络空间安全观是网络空间安全战略的理论基础，为网络空间安全战略的制定解决了思想上和理论上的问题。网络空间安全观的变化决定着网络空间安全战略的进程，影响着网络空间安全战略的内涵，进而影响着网络空间安全战略的实施。

第二，网络空间安全观决定网络空间安全战略的目标。在网络空间安全观的指导下，网络空间安全战略的制定必然以保障国家网络空间安全为根本目标，在分析比较国内外网络空间安全理论的基础上，充分考虑本国政治、经济、社会、军事、外交等各领域的发展现状和存在的问题，合理规划和制定国家网络空间安

---

❶ 高际香. 俄罗斯数字经济发展与数字化转型 [J]. 欧亚经济, 2020 (1): 21-37, 125, 127.
❷ 韩宁. 日本网络安全战略研究 [M]. 北京：时事出版社, 2018.

全战略的目标和实施路径。

第三，网络空间安全观与网络空间安全战略密切互动、相互影响。网络空间安全观和网络空间安全战略都是随着国际国内网络空间安全形势的发展而变化的。网络空间安全观是基础，网络空间安全战略是上层建筑，网络空间安全观决定网络空间安全战略，网络空间安全战略反作用于网络空间安全观。网络空间安全观在网络空间安全战略的实施过程中不断得到检验并随时调整，这是理论指导实践、实践检验和修正理论的过程。

一、信息空间与信息安全

俄罗斯的网络空间安全观有着鲜明的概念特色。俄罗斯自 20 世纪 90 年代起开始使用术语"信息空间"（информационное пространство）、"信息安全"（информационная безопасность），进入 21 世纪后，俄政府继续沿用这两个术语，而不是国际社会通用的"网络空间""网络安全"，其认为网络空间是信息空间的一部分，是信息空间的一个域。在俄政府和军队发布的众多网络空间战略规划、法律法规和政策文件中，均使用术语"信息空间""信息安全"，如 2000年俄总统普京签署《俄罗斯联邦信息安全学说》，2011 年俄国防部发布《俄罗斯联邦武装力量信息空间活动构想》，2013 年俄总统批准《2020 年前俄罗斯联邦国际信息安全领域国家政策框架》，2016 年俄总统再次签署《俄罗斯联邦信息安全学说》，在这些文件中均使用术语"信息空间""信息安全"。

俄罗斯明确区分术语"信息空间"与"网络空间""信息安全"与"网络安全"在意义上的不同。2014 年俄联邦安全委员会起草《俄罗斯联邦网络安全战略构想（草案）》，对"信息空间"与"网络空间""信息安全"与"网络安全"等概念进行了区分和界定。草案指出，"信息空间是指与形成、创建、转换、传递、利用和存储信息有关的活动域。该活动域中所实施的活动可对个体和社会认知、信息基础设施及信息本身产生影响。""网络空间是信息空间的一个活动域，是指基于互联网和其他电子通信网络实现信息交流，保障其运行的技术基础设施，以及直接使用这些渠道和设施的所有人类活动的领域。""信息安全是指国家、组织和个人及其利益免遭信息空间各种破坏和其他不良影响威胁的受保护状态。""网络安全是指网络空间所有组成部分免遭威胁及不良后果影响的条件总和。"

　　我国学者张孙旭认为，俄罗斯政府之所以强调"信息安全"和"网络安全"意义上的不同，并坚持使用"信息安全"，与俄美外交斗争的历史是分不开的。俄罗斯外交部从20世纪90年代末就开始在国际舞台上强调维护俄罗斯在信息空间的利益。进入21世纪后，俄罗斯继续沿用"信息安全"的术语，最初是局限于对网络空间的认知，后来，一些国家发生"颜色革命"后，俄罗斯当局十分担忧"颜色革命"扩散，不希望美国通过互联网、社交网络和其他信息来源控制俄罗斯人的意识，左右普通民众的思想，进而引发社会动荡。因此，俄罗斯外交部将信息安全所涵盖的领域扩大了，将网络空间出现的新问题尤其是意识形态和国家安全问题纳入信息安全的范围。所以，俄罗斯用"信息安全"替代"网络安全/网络空间安全"，背后有着深层次的考虑和意识形态因素。❶

　　战略支援部队信息工程大学刘静等指出，"信息安全""网络安全"和"网络空间安全"这三个概念既有联系又有区别。"信息安全可以理解为保障国家、机构、个人的信息空间、信息载体和信息资源不受来自内外各种形式的危险、威胁、侵害和误导的外在状态和方式及内在主体感受（指受威胁和误导等的状态，如网络空间战的对抗状态和方式、黑客攻击的状态和方式、传播虚假信息带来的误导的状态和方式等）。""网络安全、网络空间安全的核心也是信息安全，只是出发点和侧重点有所差别。三者可以互换使用，但各有侧重点。""信息安全使用范围最广，包括线下和线上的信息安全，既可以指称传统的信息系统安全和计算机安全等类型的信息安全，也可以指称网络安全和网络空间安全，但无法替代网络安全和网络空间安全的内涵。""网络安全可以指称信息安全或网络空间安全，但侧重点是线上安全和网络社会安全。""网络空间安全可以指称信息安全或网络安全，但侧重点是与陆、海、空、太空等并行的空间概念，从一开始就具有军事的性质。""网络安全、网络空间安全与信息安全相比较，前两者反映的信息安全更立体、更宽域、更多层次，也更多样，更体现网络和空间的特征，并与其他安全领域有更多的渗透和融合。"❷

　　沈雪石指出，网络空间自诞生以来，其内涵与外延就在不断的丰富和发展演变之中。随着网络空间自身变得日益复杂，不断向其他领域渗透、融合，各种新

---

❶　张孙旭. 俄罗斯网络空间安全战略发展研究 [J]. 情报杂志, 2017 (12)：5-9.
❷　刘静. 网络强国助推器——网络空间国际合作共建 [M]. 北京：知识产权出版社, 2018.

技术新应用不断涌现，网络空间构成要素也发生相应的改变。沈雪石认为，网络空间构成要素包括物理域、信息域、认知域、社会域和治理域。其中，物理域基于有线或无线传输网络构成，主要有技术基础、基础设计和网络空间结构等，包括硬件和软件及相关支撑设施，如电力网等。信息域基于信息产生、发送、传输、接收、处理、使用的完整性、可用性、可靠性、有效性、私密性，主要包括储存在网络空间的信息库，以及访问和处理这些信息的系统。认知域基于信息语义分析和态势感知的一致性、真实性、正确性、共享性，主要是人与信息的交互活动，人通过对信息的认知产生心理效应，进而影响社会。社会域基于族群价值观、地缘结构、政治架构、文化同源、人生观、价值观等形成集团意识，并构成多维度、多层次、一体化的复合空间。治理域覆盖网络空间的所有方面，包括物理域中的技术规范、信息域中的数据格式与交换协定及与社会域相关的各国法律构架等。❶

综上所述，笔者认为，虽然"信息安全"和"网络安全"的概念一直处于探索和研究当中，不同的时期和不同的国家对"信息安全"和"网络安全"的认识、理解和定义不尽相同，但"网络空间""网络空间安全/网络安全"的概念已得到国际社会的普遍认可，"网络空间""网络空间安全/网络安全"的术语也得到除俄罗斯之外世界绝大多数国家的普遍使用，因此在本书中使用术语"网络空间""网络空间安全战略"。

二、俄罗斯网络空间安全观的内涵

俄罗斯的网络空间安全观体现着强烈的危机意识。2016 年发布的《俄罗斯联邦信息安全学说》指出：一些国家出于政治、军事需要，加强对俄国家机关、科研机构和军工企业的技术侦察，扩大对俄信息基础设施的计算机攻击；外国情报机构为破坏俄罗斯的社会制度和内部局势，利用信息技术不断施加意识形态的影响，如通过媒体操纵俄公众意识，使信息领域的对抗不断加剧，俄罗斯传统价值观面临被侵蚀的风险；计算机犯罪规模逐步扩大，利用信息技术侵犯个人和家庭隐私的违法犯罪事件数量不断增长；利用信息技术实施犯罪的方式、方法和设

---

❶　沈雪石. 国家网络空间安全理论［M］. 长沙：湖南教育出版社，2017.

备推陈出新；恐怖组织和极端组织利用信息技术煽动民族和宗教仇恨，俄国家安全面临严重的威胁与挑战。

俄罗斯认为网络空间安全至关重要，不仅关系到网络自身，还关系到国防、政治、经济、意识形态等诸多方面。例如，外国官方与非官方组织日益广泛地将信息通信技术用于军事领域和政治领域，大肆开展旨在损害俄罗斯及其盟友国家主权、领土完整的活动，严重威胁着俄罗斯的国防安全。在社会安全领域，针对俄罗斯关键信息基础设施的计算机攻击数量不断增加，网络恐怖主义和网络极端主义泛滥，严重破坏了俄罗斯的社会秩序，威胁着社会的稳定与发展。在经济领域，对外国信息技术（电子元器件、软件、计算机技术和通信设备）的依赖度较高，导致俄罗斯的社会经济发展受制于人。在科技和教育领域，俄罗斯先进信息技术的研发效率不高，自主研发技术的推广应用程度较低，信息安全领域人才供给不足，缺乏利用国产信息技术和设备保障信息基础设施安全运行的配套措施等，严重制约了俄罗斯的科技进步。在国际关系领域，个别国家利用技术优势推行网络霸权主义，阻碍俄罗斯在网络空间领域建立稳定和平等的战略伙伴关系。

第三节　俄罗斯网络空间安全战略的出台与演进

俄罗斯网络空间安全战略的发展演变是一个动态的过程，只有循其宏观脉络分阶段研究，才能从整体上予以把握。与俄罗斯互联网发展进程相对应，俄网络空间安全战略的发展演变也经历了萌芽、全面发展和升级三个阶段，主要标志是相关政策、战略的制定与实施。

一、网络空间安全战略的萌芽（20世纪90年代）

尽管俄罗斯在信息化方面，包括信息基础设施建设、信息产业发展、信息技术水平等方面，落后于美国等西方发达国家，但在信息安全战略的制定与实施方面却始终走在世界前列。从20世纪90年代起，俄罗斯政府就认识到信息资源的重要地位，并根据国内外信息安全形势的发展变化确立了与本国国情和最大利益相适应的信息安全战略。这一时期的俄罗斯信息安全战略呈现以下几个特点：高度重视信息资源和信息安全；为信息安全建设提供法律基础；突出保护公民的信息自由权与隐私权；打击计算机犯罪和信息网络非法行为；制定信息安全保障的基础防范措施。

（一）高度重视信息资源和信息安全

当今世界，信息同能源、材料一起被称为人类三大资源。作为重要的生产要素、无形资产和社会财富，信息的开发和利用成为整个信息化体系的核心内容。20 世纪 90 年代以来，随着全球范围内信息技术的不断创新、信息产业的持续发展及信息网络的逐渐普及，俄罗斯开始意识到信息资源的重要意义，政府出台多项文件，强调"信息资源是全俄罗斯民族的财富"，"信息是维护国家安全的重要战略资源"，不断提高公众对信息资源的认知，为国家出台信息领域的法律法规、全面建设信息社会打下政策基础和理论框架。

1995 年俄罗斯国家安全委员会开会讨论了《俄罗斯联邦信息安全纲要（草案）》。纲要提出了俄罗斯信息安全保护的基本目的：维护俄罗斯在信息空间的利益，反对美国的信息霸权主义；为俄国家权力机关和管理机构、企业和公民的决策提供准确、完整和及时的信息。纲要将数据传递和远程通信系统中的信息安全纳入国家信息安全保障体系，同时指出，俄联邦信息安全保障体系建立在平衡信息领域的基本主体——人、社会和国家的利益基础之上。纲要还指明了俄罗斯信息安全保护的基本任务、需要解决的关键问题。

1997 年 5 月，俄罗斯总统叶利钦签署俄历史上第一份《俄罗斯联邦国家安全构想》（«Концепция национальной безопасности Российской Федерации»）。构想指出，"信息领域是俄国家利益的一个重要组成部分。""保障国家安全应该把保障经济安全放在第一位，信息网络安全又是经济安全的重中之重。"

1998 年叶利钦总统签署《俄罗斯联邦国家信息政策构想》（«Концепция государственной информационной политики Российской Федерации»）。构想强调建立国家信息资源系统，开展信息化建设，完善信息基础设施，促进信息交流和知识共享，发展信息通信技术，保障公民、组织和国家获取、传播和利用信息的权利，保障信息安全，为俄联邦社会和经济发展战略目标高效高质地完成创造条件。

（二）为信息安全建设提供法律基础

通过立法保障俄罗斯信息安全，使信息安全建设迈入法制化轨道，是这一时期俄罗斯信息安全政策的一大重要特点。20 世纪 90 年代以来，俄罗斯先后颁布了大量与信息、信息化、信息保护相关的法律法规。统计表明，从 1991 年 1 月至 1995 年 6 月，俄罗斯共出台 498 个法令，其中 75 个法令针对信息立法，421 个法令与信息立法有关。❶在这些法律法规中，《俄罗斯联邦信息、信息化和信息保护法》《俄罗斯联邦大众传媒法》最具代表性，是俄罗斯独立之初专门保障国家信息安全的法律。

1991 年 12 月，俄罗斯出台《俄罗斯联邦大众传媒法》（«О средствах массовой информации Российской Федерации»）。该法规定："俄罗斯联邦保护大众新闻的自由。查询、获取、制造、传播大众新闻，创办、使用和管理大众传媒，制造、获取、保存和使用生产大众传媒产品的技术设备和材料，除俄联邦大众传媒法有特殊规定外，不受限制。""禁止将大众传媒用于刑事犯罪、泄露国家秘密或其他法律保护的机密，禁止利用大众传媒号召夺取政权、武力改变宪法体制和国家完整，煽动民族、阶级、社会和宗教不满与仇恨，宣扬战争，宣传淫秽、暴力思想。"

1995 年 1 月，俄罗斯国家杜马通过《俄罗斯联邦信息、信息化和信息保护法》，把信息安全纳入国家安全管理范围。《俄罗斯联邦信息、信息化和信息保护法》作为调节信息领域关系的基本法，明确规定了信息资源在俄罗斯的法律地位："信息资源是自然人、法人、国家关系的客体，它和其他资源一样受法律保护。"该法还界定了信息资源开放和保密的范围，指明了国家在建立信息资源和信息网络化中的法律责任，为俄罗斯制定信息资源安全保障措施奠定了法律基础。❷

20 世纪 90 年代俄罗斯出台的信息安全领域的法律法规还包括《国家科技情报系统法》《公民信息权利和个人资料保护法》《信息化条件下的公民权利保护法》《经济发展和企业经营活动的信息保障法》《国际信息交换法》等。这些法

---

❶ 郝凯亭，付强，袁艺. 俄罗斯加强国家信息安全的主要做法 [J]. 保密工作，2011（2）：45－47.

❷ 肖秋惠. 20 世纪90 年代以来俄罗斯信息立法探索 [J]. 情报理论与实践，2003（1）：85－88.

律法规对信息管理和信息资源使用过程中因违法而应承担的责任包括刑事责任等都作了较为详细的规定，使俄罗斯有关信息保护的法律框架基本形成。

（三）突出保护公民的信息自由权与隐私权

一方面，随着信息化进程和社会民主制度的发展，俄罗斯公民和组织对信息自由权的要求日益强烈。因此，在制定国家信息安全政策时，俄政府强调个人、社会和国家在信息领域利益平衡的基本原则，规定信息活动过程中所有主体的地位无条件平等，俄联邦国家权力机关和联邦主体国家权力机关应该公开信息。另一方面，进入信息时代后，公民对外界信息需求不断增加的同时也将大量的个人信息上传到网络上，对个人隐私造成了极大的冲击。为保护公民的信息自由权和隐私权，俄罗斯通过立法明确信息资源的开放和保密范围，既防止政府部门控制信息、侵犯公民信息自由权，也避免公民个人隐私被侵犯。俄认为，开放国家信息资源的做法不仅维护了公民获取和使用信息的权利与自由，也有利于实现公民对经济、生态和其他社会生活领域的监督。

《俄罗斯联邦宪法》（《Конституция Российской Федерации》）第 29 条规定："每个人都有利用任何合法方式搜集、获取、转交、生产和传播信息的权利。构成国家秘密的信息清单由联邦法律规定。""保障舆论自由。禁止新闻检查。"❶ 1997 年颁布的《俄罗斯联邦国家安全构想》指出，俄在信息领域的国家利益是"集中社会和国家的力量保护宪法赋予公民的获取和使用信息的权利与自由。"《俄罗斯联邦信息、信息化和信息保护法》规定："公民、社会组织和国家机关具有获得国家信息资源的平等权利，无须对信息资源的所有者阐明自己必须获得信息的理由。"为保护公民个人隐私，《俄罗斯联邦信息、信息化和信息保护法》还规定："个人资料属于秘密信息范畴，未经当事人许可，禁止搜集、保存、使用和传播有关私生活的信息，以及涉及自然人私人秘密、家庭秘密、信函、电话、电子邮件、电报和其他秘密的信息。"

（四）打击计算机犯罪和信息网络非法行为

计算机和网络的普及应用带来了新的安全问题——计算机犯罪。20 世纪 90

---

❶ 百度文库. 俄罗斯联邦宪法［EB/OL］.（2018 - 10 - 06）［2020 - 08 - 10］. https：//wenku. baidu. com/ view/c8189c31 bf1e650e52ea551810a6f524ccbfcbdd. html.

年代，俄罗斯接连发生了一系列破坏金融系统信息数据和国防设施运行程序的计算机犯罪事件。例如，1991 年 2 月，俄对外经济银行被电子窃贼盗走 12.5 万美元。1993 年 9 月，俄中央银行遭遇电子诈骗，造成的损失高达 680 多亿卢布。计算机网络作为重要的大众传播媒介，在提高信息存储、处理和传播效率的同时也成为不法分子作案的工具。

为净化网络环境，打击网络犯罪，俄罗斯加强了计算机网络安全保障的立法工作。《俄罗斯联邦刑法典》第 28 章增加了非法调取计算机信息，编制、使用和传播有害的计算机程序及违反计算机、计算机系统或网络使用规则的违法犯罪条款。针对网络盗版和侵权泛滥等情况，俄还出台了《保护计算机软件和数据库法》《著作权法》等法律，认定网络作品享受版权保护，以保护商业机构信息技术研发的积极性。

（五）制定信息安全保障的基础防范措施

1. 制定信息安全领域的标准规范

20 世纪 90 年代初，俄罗斯开始研究制定信息安全领域的标准规范。这一时期俄罗斯制定的信息保护方面的国家标准有《信息技术 信息加密保护 散列函数》（ГОСТ Р 34.11-94）、《信息技术 信息加密保护 基于非对称加密算法的电子数字签名研制与验证程序》（ГОСТ Р 34.10-94）、《计算机设备 防止非法获取信息 基本技术要求》（ГОСТ Р 50739-95）、《信息保护 基本术语与定义》（ГОСТ Р 50922-96）、《信息保护 计算机病毒软件测试 模型指南》（ГОСТ Р 51188-98）、《信息保护 信息化对象 影响信息的因素 总则》（ГОСТ Р 51275-99）等。这一时期俄罗斯也制定了首批信息保护领域的行业标准，如《信息技术 信息保护 数据编码算法》（ОСТ 51-06-98）、《信息技术 信息保护 数字认证程序》（ОСТ 51-07-98）、《信息技术 信息保护 加密密钥一般性协议的形成》（ОСТ 51-08-98）、《信息技术 信息保护 散列编码》（ОСТ 51-09-98）等。❶

---

❶ 中国电子技术标准化研究院. 俄罗斯信息安全标准概述［EB/OL］.（2014-08-20）［2019-12-11］. https://www.yysweb.com/show/79-633.html.

2. 实行信息安全技术、设备研制许可认证制度和审查制度

从 1994 年起,俄罗斯开始实行信息安全技术、设备研制许可认证制度和审查制度。凡从事网络信息加密保护设备的研制、生产和销售、提供网络信息加密及个人数据处理服务、验证电子数字签名、使用技术手段探测电子设备的窃密活动等,都必须持有相关主管部门核发的活动许可证;禁止法人和自然人研制、生产、销售、使用加密设备及信息存储、处理和传输的技术保护设备。

1995 年 4 月 3 日,叶利钦总统发布第 334 号总统令《禁止生产和使用未经批准许可的密码设备》。这一总统令旨在保护国家权力机关、俄罗斯财政信贷机构、企业和组织的信息远程通信系统。根据该法令,俄国家权力机关、管理机构和一些重要的组织机构、企业建立信息网络系统,必须取得俄联邦通信和信息署的技术鉴定和许可,且信息网络系统必须安装本国研发的加密设备,安装信息存储、处理和传输的技术保护设备;引进外国设备建立信息系统必须经过国家有关部门的批准,并组织专家对设备的内核进行安全检测和技术改造,以发现并清除破坏性的病毒程序,堵塞安全漏洞。

虽然俄罗斯在 20 世纪 90 年代颁布的政策和法规如今大部分已经被更新或被取代,但它们反映了在互联网萌芽和起步阶段俄罗斯关注的重点,有助于我们了解俄罗斯网络空间安全战略的起源和演变。

二、网络空间安全战略的全面发展 (2000—2009 年)

进入 21 世纪后,信息通信技术在国家、社会和个人各个活动领域的普遍应用给俄罗斯的安全环境带来了重大变化,网络安全问题在俄罗斯频频爆发,确保网络空间安全已成为刻不容缓的事情。为此,俄罗斯在 21 世纪前十年迅速出台了一系列政策规划,勾勒出新时期网络安全战略的蓝图。这一时期俄罗斯推出了网络空间安全领域首份国家级战略性指导文件《俄罗斯联邦信息安全学说》,将网络空间安全上升至国家安全的高度;大大拓展了网络安全的内涵,形成了综合型网络安全观;强调自主创新,完善网络安全保障体系。

（一）出台《俄罗斯联邦信息安全学说》，将信息安全上升到国家安全的高度

所谓"俄罗斯联邦信息安全学说"，并不是研究俄罗斯信息安全的科学理论，而是俄罗斯关于信息安全的国家政策，它表明俄政府对信息安全保障的目的、任务、方法和内容的看法与观点，是俄罗斯国家安全政策在信息领域的发展。

2000 年 9 月 9 日，在《俄罗斯联邦信息安全纲要》《俄罗斯联邦国家安全构想》和《俄罗斯联邦军事学说》的基础上，俄罗斯总统普京签署了《俄罗斯联邦信息安全学说》（《Доктрина информационной безопасности Российской Федерации》）。该学说从俄罗斯在信息领域的国家利益入手，深入分析了俄罗斯信息安全面临的内部威胁和外部威胁，全面系统地阐述了俄罗斯信息安全建设的任务、方法、政策原则及组织基础。❶

1. 界定了俄罗斯在信息领域的国家利益

《俄罗斯联邦信息安全学说》强调了俄罗斯信息安全政策应该建立在国家、社会和公民在信息领域利益平衡的原则基础之上，表明了俄罗斯在信息领域的国家利益，即保障公民获取和利用信息的宪法权利与自由，向俄罗斯国内民众及国际社会通告俄政府对于国内外重大事件的立场；发展现代信息技术和民族信息产业；杜绝非法使用信息资源；确保各种信息和电信系统的安全。

2. 分析了俄罗斯信息安全面临的主要威胁

《俄罗斯联邦信息安全学说》指出，俄罗斯信息安全保障面临诸多威胁。来自外部的威胁主要有：外国政治、经济、军事、情报机构损害俄罗斯在信息领域的国家利益；一些国家称霸国际信息空间，企图将俄罗斯从国际信息市场排挤出去；争夺信息技术和信息资源的国际竞争加剧；网络恐怖主义猖獗；与世界大国的技术差距逐渐加大；外国从太空、空中、海上和地面对俄罗斯开展技术侦察活动；一些国家制定信息战构想，企图破坏俄罗斯信息系统的正常运转，非法获取

---

❶ Доктрина информационной безопасности Российской Федерации ［EB/OL］. （2000 – 09 – 09）［2020 – 10 – 15］. https://normativ. kontur. ru/document? moduleId = 1&documentId = 40613.

信息。来自内部的威胁主要包括：信息技术产业比较落后；局势不利，容易滋生犯罪；中央和地方各级权力机关在制定和实施信息安全政策时缺乏沟通与交流；信息领域的立法不够完备，执法经验不足；信息安全领域缺乏必要的国家监督；保障信息安全的资金投入不够；信息安全人才不足。

3. 提出俄联邦信息安全建设的主要任务

该学说首先指出当前俄罗斯的信息安全状况已不能满足社会经济发展的要求，然后提出了信息安全建设的主要任务：制定专门的国家信息安全保护政策，并制定相应的实现机制和措施；对俄罗斯信息安全领域面临的威胁进行预测和评价，制定对抗这些威胁的措施；发展和完善信息安全保障系统；制定标准和方法，对俄罗斯信息安全保障系统的效率进行评价；完善信息安全领域的法律基础，保障公民自由获取、使用信息的权利；发展国产信息通信技术等。

《俄罗斯联邦信息安全学说》是俄罗斯历史上第一份维护网络安全/信息安全的国家级战略性指导文件，具有很强的系统性、全局性和前瞻性。它的颁布与实施标志着俄罗斯网络安全战略的正式形成，网络安全成为俄国家安全的重要组成部分。

（二）拓展网络安全的内涵，形成综合型网络安全观

进入 21 世纪后，信息网络技术的应用逐步从工商业领域扩展到国家政治与社会生活的方方面面，信息网络和计算机系统开始成为一切经济活动和社会活动的基础平台、联系中介，与此相对应，信息网络安全也从技术和产业问题上升为事关国家政治、经济、社会、科技、文化等安全的重大战略性问题。换言之，网络安全不再仅仅是计算机系统、信息网络的安全，还包括政治、经济、科技、军事等各个领域的网络安全。

《俄罗斯联邦信息安全学说》指出，信息安全是俄罗斯联邦国家安全的重要组成部分，但对于国家生活的每个领域来说，其面临的信息威胁及保障方法各不相同，如何保障每个领域的信息安全，应根据具体情况而定。例如，在经济领域，俄罗斯信息安全的保障重点是国家统计系统、金融信贷系统，联邦执行权力机关中负责保障社会和国家经济活动的信息系统，各种所有制企业、机关和组织的财会系统，国家、各种所有制企业、机关和组织收集、处理、储存和传递有关

金融、交易、税收、海关和外贸信息的系统。在内政领域，俄罗斯信息安全的保障重点是：俄罗斯联邦公民的宪法权利和自由，俄罗斯联邦的宪法制度、民族和睦、政权稳定、主权和领土完整。在国防领域，俄罗斯信息安全的保障重点是：俄罗斯联邦武装力量中央军事指挥机关、各军兵种、集团军和部队的指挥机关及国防部所属科研机构的信息基础设施，承担国防订货任务或解决国防问题的军工企业、科研机构的信息系统和武器自动化指挥与控制系统，其他军队和军事机构的信息资源、通信系统和信息基础设施。俄罗斯统筹规划经济、内政、外交、科技、精神生活、国防、执法和司法等领域信息安全保障的重点与方法，充分体现出俄罗斯秉承综合型网络安全观，以维护网络安全为重点，维护国家整体安全。

（三）强调自主创新，完善网络安全保障体系

1. 修订俄罗斯信息保护和信息技术安全标准

2000 年之后，随着信息技术的飞速发展及其在各领域的广泛应用，尤其是信息技术在国家发展中的重要作用日益凸显，加快研究制定信息技术领域的安全标准成为俄罗斯面临的迫切问题。

1）重新修订 20 世纪 90 年代发布的、已过时的国家标准，如根据新出台的《商业秘密法》（2004 年）、《信息、信息技术和信息保护法》（2006 年）重新制定了《信息安全基本术语和定义》（ГОСТ Р 50922 – 2006）、《信息技术　信息加密保护　电子数字签名研制与验证程序》（ГОСТ Р 34. 10 – 2001）。

2）自主制定新的国家信息安全标准，如《信息技术　物理保护的方法和手段　防火性能试验的分类及方法　服务器》（ГОСТ Р 52919 – 2008）、《信息技术　防止利用隐蔽渠道实施信息安全威胁的信息技术和自动化系统保护　第 1 部分：总则》（ГОСТ Р 53113. 1 – 2008）等。

3）在国际信息安全标准基础上制定俄罗斯国家信息安全标准，如《信息技术　信息安全管理实用规则》（ГОСТ Р ИСО/МЭК 17799 – 2005）、《信息技术　安全保障的方法和手段　第 1 部分：信息与远程通信技术安全管理的概念和模型》（ГОСТ Р ИСО/МЭК 13335 – 1 – 2006）、《信息技术　安全保障的方法和手段　信息安全管理体系　要求》（ГОСТ Р ИСО/МЭК 27001 – 2006）等。

经过多年的努力，2010 年前后俄罗斯基本形成了由国际标准（ГОСТ ИСО，

含独联体国家标准）、国家标准（ГОСТ Р，含在 ISO/IEC 国际标准基础上研制的国家标准 ГОСТ Р ИСО/МЭК）、军用标准（ГОСТ РВ）、行业标准（ОСТ）、企业标准等构成的较为系统的信息安全标准体系，涉及术语定义、概念分类、体系架构、信息编码、加密手段、实现方式、保障技术、检测评估等方方面面。

2. 完善信息保护机制和信息保护设备管理

在机密信息保护方面，俄罗斯将受保护的信息分为国家机密和机密信息两种，在不断加强国家机密保护的同时越来越重视机密信息的保护。2005 年 9 月，普京签署第 111 号总统令，对 1997 年通过的《机密信息清单》进行重新修订。2006 年 8 月，俄政府通过第 504 号决议，批准新的《机密信息技术保护条例》，新条例增加了机密信息保护设备的研制许可要求和条件及违反规定的处罚办法。

在信息保护设备管理方面，2002 年 9 月，俄政府公布第 691 号决议，出台了《密码设备销售活动许可条例》《密码设备技术服务活动许可条例》《密码领域服务许可条例》和《密码设备及相关信息、远程通信系统研制与生产许可条例》等一系列文件，核心是对信息加密保护（密码）产品实行许可认证制度和分级管理制度。

在信息保护设备研发与应用方面，俄罗斯实行国家干预制度，政府出台多项政策，支持信息安全企业优先发展特种信息保护设备和国家机密保护手段，鼓励研发新一代信息保护特种设备，如信息压缩积聚设备、信息形式掩蔽设备、灾难恢复与备份设备、信息分析诊断设备和技术侦察跟踪设备。❶

3. 规范中央政府机关互联网的使用

2004 年 12 月，俄总统普京签署第 611 号总统令《俄罗斯联邦信息安全的某些问题》。该文件规定由俄联邦警卫局负责俄罗斯国家权力机关互联网网段的运营和发展，国家机关通过国际互联网发布信息时必须使用经俄联邦警卫局许可认证的信息技术保护设备。2008 年 10 月，俄总统普京签署第 1510 号总统令《俄罗斯联邦利用信息 – 电信网络参与国际信息交流的信息安全保障措施》。2009 年 3 月，俄罗斯颁布《俄罗斯联邦信息系统接入信息电信网络》，详细规定了国家权

❶ 国家信息技术安全研究中心. 俄罗斯信息安全建设研究 [J]. 信息网络研究，2009（8）：37–39.

力机关在互联网网段建设中的职责。2009 年 8 月，俄联邦警卫局公布了《俄罗斯联邦及联邦主体国家权力机关互联网网段条例》，正式将俄联邦及联邦主体国家权力机关的互联网网段命名为 RSnet，规定俄联邦总统办公厅等 9 家单位接入互联网网段之前必须向网段管理部门出具书面申请，经批准后方可在国家机关统一组织下使用自有信道设备访问管理部门控制范围内的网段。同时，互联网中所用的软件技术设施必须通过相应联邦权力执行机关的鉴定，而信息保护设备（包括信息加密设备）的等级和类别需由网段管理部门依照信息保护领域的相关规定，根据信息安全威胁和入侵行为模式具体确定。

4. 规范大众传媒机构

鉴于外资传媒机构经常在一些重大问题上诋毁俄罗斯国家形象、危害俄罗斯国家利益，俄国家杜马多次修订《俄罗斯联邦大众传媒法》，对互联网媒体实施监管。例如，2000 年的修正案增加了"禁止在大众传媒包括计算机网络中传播关于制作和使用麻醉品、精神刺激品及其替代品的信息……禁止传播联邦法律明文禁止的其他信息"的规定。2008 年的修正案进一步规定"对经常传播假消息、诽谤他人荣誉与尊严的大众传媒予以取缔"。这些规定不仅有效回应了当时出现的社会问题，也有利于进一步规范互联网媒体信息的传播。通过修订《俄罗斯联邦大众传媒法》，俄罗斯不断限制外国资本投资俄罗斯互联网传媒，促进了传媒机构本土化。例如，2001 年 8 月，《俄罗斯联邦大众传媒法修正案》要求在设立传媒机构时外资不得超过 50%。2016 年，俄罗斯进一步规定外国股东在俄媒体注册资本中所持股份最高不能超过 20%，禁止外国人和具有双重国籍的俄罗斯人成为俄媒体创办者。通过限制外资比例，俄罗斯逐渐排除了外国互联网企业对俄罗斯互联网媒体的控制，将权力收归国内互联网企业甚至国有互联网企业手中。

三、网络空间安全战略的升级（2010 年至今）

近十余年来，随着以大数据、人工智能、区块链、量子计算为代表的新一代信息通信技术突飞猛进、日新月异的发展，人类社会快速迈入虚拟世界与现实世界相互融合的网络空间，信息基础设施建设稳步推进，数字经济蓬勃发展，互联网媒体形态推陈出新。但与此同时，网络安全威胁也愈演愈烈，网络攻击、勒索软件、数据泄露等安全问题频发，重大网络安全事件数量、规模持续上升。面对这一时期的网络空间安全形势，2016 年俄罗斯出台了新版《俄罗斯联邦信息安全学说》，强调保障网络主权与数据主权安全，加强网络空间监管，规范网络空间行为。

（一）出台新版信息安全学说

2016 年 12 月 5 日，俄罗斯联邦总统普京签署第 646 号总统令，发布新版《俄罗斯联邦信息安全学说》，向国内外正式公布俄罗斯在信息安全领域的最新政策。该学说拓展了俄罗斯在信息领域的国家利益，深化了对信息安全威胁的认识，详细分析了俄罗斯在国防、国家和社会、经济、科技教育和国际关系等领域的信息安全状况，在此基础上全面阐述了俄罗斯保障上述领域信息安全的战略目标和主要方向，指出了保障信息安全的组织基础。

1. 拓展了信息领域的国家利益

新版学说将俄罗斯在信息领域的国家利益归结为五个方面：第一，保护公民获取和使用信息的权利和自由，为维护民主制度提供信息支持，保护多民族的历史文化和精神价值。第二，保证重要信息基础设施在和平时期及战争时期能够稳定和连续地运行。第三，发展本国的信息技术产业，促进生产和科研，提高信息安全保障服务水平。第四，将俄国家政策和官方立场传递到国际社会，利用信息技术保障俄罗斯文化领域的国家安全。第五，推动建立国际信息安全体系，保护俄联邦的信息空间主权。

2. 深化了对信息安全威胁的认识

信息技术应用领域的拓展及信息跨界流动性的增强使新时期的信息威胁呈现出内外融合、相互交织的特点。因此，新版学说放弃了前版学说从国家内部和外部区分信息威胁的思路，转而从国家、社会和个人三个层面深化了对多元信息威胁的认识。新版学说认为，国家层面上的信息威胁主要包括：外国基于军事目的攻击俄信息基础设施的可能性增大，对俄国家机关、科研机构和国防工业综合体的技术侦察活动增强；外国情报机构为破坏他国社会制度和内部局势，利用信息技术施加意识形态的影响。在社会层面上，信息对俄民众尤其是年轻人意识的影响不断增强，俄罗斯传统精神和价值观有被侵蚀的危险；恐怖组织和极端组织利用信息技术实施煽动民族和宗教仇恨或进行敌对活动、宣扬极端主义思想等违法行为的趋势加强。在个人层面上，网络犯罪规模大幅增长，个人信息和家庭隐私受到侵犯的犯罪数量不断增加。可以看出，新版学说对新时期信息威胁的认识较为深刻而全面。学说首次承认了国家间存在基于军事目的的信息对抗行为，重点关注了意识形态和恐怖主义威胁与信息技术结合后给国家安全带来的挑战。

3. 指明了信息安全的战略目标和发展方向

在国防领域，俄联邦信息安全的战略目标是：保护个人、社会和国家的重要利益，免受国内外违反国际法的对军事、政治目标的威胁，其中包括危害主权、破坏国家领土完整及威胁国际和平、安全与战略稳定的敌对行动和入侵行动。为实现这一目标，俄联邦武装力量要提高信息威胁应对能力，构建可靠的信息安全保障系统，从战略上遏制利用信息技术引发的军事冲突。

在国家和社会安全领域，保障信息安全的战略目标是：保卫国家主权，保持政治和社会稳定，保护公民的权利和自由及重要信息基础设施的安全。为此，学说明确提出了制止外国情报机构利用信息技术手段危害俄国家安全；反对利用信息技术传播极端主义、排外主义等不良思想；提高重要信息基础设施的防护水平和功能的稳定性；保护国家秘密，提高信息技术的防护水平；消除以侵蚀俄罗斯传统道德观和价值观为目的的负面信息的影响。

保障经济领域信息安全的战略目标是：将国内信息技术产业发展不足导致的不利因素的影响降至最低，使俄摆脱对外国信息技术和设备的依赖。为此，国家要推动信息技术领域的创新发展，为企业研发和生产具有国际竞争力的国产信息设备创造有利条件。

保障科技教育领域信息安全的战略目标是：支持创新，加快发展信息安全保障系统、信息技术和电子工业。保障科技教育领域信息安全的主要方向有：提高俄罗斯信息技术的竞争力、创新力和预见能力，加强信息通信技术的研发和应用，培育信息安全保障方面的人才，倡导个人的信息安全意识，实现信息安全保障系统和信息技术的快速、创新发展。

保障国际关系领域信息安全的战略目标是：建立互不冲突的国与国之间的稳

定关系。主要方向是：保卫俄联邦网络空间主权，实行独立自主的信息安全政策，保障信息安全领域的国家利益；参与国际信息安全保障体系建设，建立网络空间国际法律机制，开展网络空间安全合作。

4. 完善了保障信息安全的组织基础

信息安全保障是国家安全保障体系的重要组成部分，为实现保障信息安全的目的，俄联邦的立法、执法和司法部门、国家和地方的政府机关、社会组织和公民都应参与构建完善可靠的信息安全保障体系，所有的参与者享有宪法赋予的平等权利。与前版学说相比，新版学说在俄联邦信息安全保障体系的组织基础这一部分增加了俄联邦中央银行及军工委员会，表明近年来俄金融与军工行业遭受的信息安全威胁较大。此外，新版学说确立了信息安全领域的总统负责制，规定俄联邦总统负责决定信息安全保障体系的组成架构，国家安全委员会每年向总统报告信息安全学说的执行情况，体现出俄罗斯对国家信息安全的高度重视。

（二）突出强调保障信息空间主权和数据主权

信息主权，是指主权国家对本国管辖范围内的信息空间享有主权，有权自主制定本国的信息政策，有权开发使用本国的信息资源、共享全球信息资源。《国际法原则宣言》规定："每个国家均有选择其政治、经济、社会及文化制度之不可移让之权利，不受他国任何形式之干涉。"任何国家都有独立选择本国政治、社会、经济和文化制度的权利，该权利不受其他国家任何形式的干扰。国家主权在信息领域的自然延伸即信息主权。

通常认为，信息主权涵盖三个方面：一是对本国信息资源进行保护、开发和利用的权利；二是不受外部干涉，自主确立本国信息生产、加工、储存、流通和传播体制的权利；三是对本国信息的输出和外国信息的输入进行管理和监控的权利。

在2016版信息安全学说中，俄罗斯首次明确提出要保护信息空间主权。新版学说的这一变化表明俄罗斯将国家主权原则拓展延伸到信息空间，使信息空间主权成为国家主权的重要组成部分。俄认为，目前信息空间已经成为与陆地、海洋、天空同等重要的国家构成要素。信息空间虽然是一个虚拟空间，但对维护国家安全意义重大，信息空间主权的丧失将导致社会动荡甚至是政权更迭的严重后果。在国际信息领域，俄罗斯面临的信息资源分配不公、信息政策受到外部干涉、信息基础设施遭受攻击等问题越发严重。特别是"乌克兰危机"爆发以来，俄与美欧的矛盾已经公开化并延伸到信息空间，俄政府尤其担心境外敌对势力利用信息技术破坏俄罗斯国家政治制度的稳定。

在外部信息安全环境逐渐恶化的情况下，俄罗斯高调宣布国家信息安全政策的目的是保障信息空间的主权，希望根据国际公认的主权原则实施独立自主的信息安全政策，采取政治、经济、军事、外交、法律等一切措施管理本国主权范围内的信息活动，反对美国等西方国家打着网络自由主义的旗号干涉俄罗斯的信息政策，向俄罗斯输入自己的价值观、道德观，破坏俄罗斯的主流意识形态。俄罗斯突出强调保障信息空间主权，不但巩固了俄政府在维护信息安全中的主导地位，而且向国际社会展现了俄罗斯坚决维护本国信息空间安全的决心和力度。

数据主权是一个国家对本国数据进行管理和利用的独立自主性，不受他国干涉和侵扰的自由权，包括所有权与管辖权两个方面。互联网时代，数据不仅是基础性生产要素，还是重要的战略性资产，是一个国家构建核心竞争优势的关键要素。数据安全包括两层含义：一是数据本身的安全，主要是指采用现代密码算法对数据进行主动保护，如数据保密、数据完整性、双向强身份认证等；二是数据防护的安全，主要是采用现代信息存储手段对数据进行主动防护，如通过磁盘阵列、数据备份、异地容灾等手段保证数据的安全。❶ 随着大数据技术的研发与运用，数据对一个国家政治、经济、文化、外交的影响日益深刻和广泛。

在 2013 年斯诺登揭露美国全球监控计划后，出于对本国安全的担忧，俄罗斯开始实施数据本地化政策，通过规范数据跨境流动、加强网络空间数据监管来达到维护数据安全的目的。数据本地化已经成为关涉俄罗斯互联网产业发展、网络安全乃至国家安全的重要内容之一。

2014 年 5 月 5 日，俄罗斯总统普京签署第 97 号联邦法令《俄罗斯联邦〈信息、信息技术和信息保护法〉修正案及个别互联网信息交流规范的修正案》，修正案要求网络服务提供者将用户接收、提供、传输、处理的语音信息、文字信

---

❶ 百度百科. 数据安全 [EB/OL]. [2020 - 12 - 30]. https://baike. baidu. com/item/数据安全/3204964?
fr = aladdin.

息、图像信息或者其他电子信息储存在俄罗斯联邦境内六个月，网络服务提供者有义务将这些信息提供给国家侦查机关和安全机关，不履行该义务者将受到行政处罚。❶

2014 年 7 月 21 日，普京签署了第 242 号联邦法令《关于进一步明确互联网个人数据处理规范之俄罗斯联邦系列法律修正案》，再次补充了关于数据本地化的内容。在《俄罗斯联邦信息、信息技术和信息保护法》第 16 条第 4 款中增加了以下内容：信息拥有者、信息系统运营方有义务将对俄罗斯联邦公民个人信息进行收集、记录、整理、保存、核对（更新、变动）、提取而形成的数据库存放在俄罗斯境内。《俄罗斯联邦个人数据法》第 18 条增加了第 5 款：收集个人数据时，运营商必须使用位于俄罗斯境内的数据库，对俄公民的个人数据进行收集、记录、整理、保存、核对（更新、变动）和提取。数据处理者在处理数据前应该向数据保护机关告知包含俄罗斯公民个人数据的数据库所在地的信息，并且根据俄联邦法律规定，对违反俄联邦个人数据法的信息进行访问限制。❷

通过两次修正，俄罗斯以立法的形式确立了数据本地化存储的基本规则，主要包括以下三个方面：一是公民个人信息及相关信息和数据库需要在俄罗斯境内存储；二是对俄罗斯公民的个人数据的处理活动需要使用俄罗斯境内的数据库，即处理活动需要在俄境内进行；三是相关信息告知和协助有关部门执法的义务。总结来看，俄罗斯的立法规定十分严格，通过对企业施加法定的义务实现了政府对数据存储、跨境传输、处理等环节的全面控制，从而掌握了本国数据跨境流动的主动权。

2019 年 5 月，俄罗斯总统普京正式签署《关于对联邦〈通信法〉和联邦〈信息、信息技术和信息保护法〉进行修正的第 90 号联邦法案》❸。法案重新界

---

❶ О внесении изменений в Федеральный закон «Об информации, информационных технологиях и о защите информации» и отдельные законодательные акты Российской Федерации по вопросам упорядочения обмена информацией с использованием информационно – телекоммуникаци онных сетей ［EB/OL］. （2014－05－05）［2020－03－01］. http：//ivo. garant. ru/#/document/70648932/paragraph/10：0.

❷ О внесении изменений в отдельные законодательные акты Российской Федерации в части уточнения порядка обработки персональных данных в информационно-телекоммуникационных сетях ［EB/OL］. （2014－07－21）［2021－02－16］. http：//www. kremlin. ru/acts/bank/38728.

❸ 因该法案主旨是加强俄联邦境内信息通信网络的安全建设，让俄罗斯拥有独立于国际互联网的信息基础设施——俄罗斯互联网（Рунет），从而确保通信运营商在无法接入国外互联网根服务器的情况下仍能保障互联网安全、稳定运行，因此被外界习惯性称为"主权互联网法案"。

定了信息通信网络运行管理的主体及其职责，扩大了网络服务提供主体的范围，将通信网络、其他技术通信网络（通常是指用来保障生产活动及对生产过程实施技术管理的通信网络）、域名系统、路由交换节点的所有者和各种形式的实际持有者（包括组织和个人）全部列为俄罗斯信息通信网络的运行主体，即通信运营商，要求通信运营商必须按照要求在网络中加装防范网络威胁的技术手段，并向有关部门提交相关技术手段加装的物理位置等信息。除此之外，修正案还明确了通信网络（包括跨境通信网络）所有权和使用权转让时通信运营商应尽的义务及相关政府部门的职责，如应按照相关规定提交通信网络的使用目的等信息，并按照规定的流程和期限进行转让等，规定了路由交换节点所有者和实际运营者在提供接入服务时应遵守的原则，如不得为不符合规定的网络系统提供接入服务等，通信运营商有义务配合有关部门开展工作，保障上述机构能够依法履行其职责。法案重申，在俄联邦境内，政府有权限制公众和机构访问某些信息，必要时可对境内的信息网络系统实施集中统管。❶

2015 年 9 月，俄罗斯数据存储本土化法案《关于进一步明确互联网个人数据处理规范之俄罗斯联邦系列法律修正案》开始正式实施，随后俄联邦通信和大众传媒部对 317 家企业进行了检查，发现只有两家当地企业违反了上述规定。2016 年 1 月，俄联邦通信和大众传媒部公布了 2016 年度检查计划，微软、三星、惠普、社交网站 VK、Ostrovok.ru（俄罗斯酒店预订网站）、LaModa.ru（俄罗斯在线购物网站）等大型互联网企业都在检查之列。2016 年 6 月，俄联邦通信和大众传媒部公布年中检查报告。结果表明，绝大多数企业都很好地遵守了数据本地留存的规定，仅有极少数企业违规。监管机构对违规企业予以罚款，并给予其六个月的时间限期进行改正。❷

（三）强化网络空间监管，规范网络空间行为

伴随着西方势力策动的"颜色革命"在后苏联空间不断上演，以及"推特革命""阿拉伯之春"运动的出现，俄罗斯逐渐意识到过度的信息自由会威胁到

---

❶ О внесении изменений в Федеральный закон «О связи» и Федеральный закон «Об информации, информационных технологиях и о защите информации》［EB/OL］. （2019 – 05 – 01）［2020 – 01 – 29］. http://www.kremlin.ru/acts/bank/44230.

❷ 何波. 俄罗斯跨境数据流动立法规则与执法实践［J］. 大数据，2016（6）：129 – 134.

国家政治安全和社会稳定，于是开始采取多种措施强化网络空间监管，规范公民网络空间行为，应对网络空间安全挑战。2016 年出台的《俄罗斯联邦信息安全学说》充分体现了这一时期俄罗斯网络空间安全观的发展演变。在该学说中，"保护宪法赋予公民的权利和自由"只出现了三次，而 2000 年发布的信息安全学说中类似的表述出现了 17 次。这一表述数量变化的背后实际反映的是俄罗斯信息安全观的变化。❶ 俄联邦杜马副主席托尔斯泰（Толстой）在谈到制定新版信息安全学说的必要性时对媒体称："我们的文化、历史和家庭的核心价值观在被侵蚀。歪曲的消息不断涌入我们的头脑，我们纵容本国历史遭到讥笑……我们有着几百年影响的核心价值观可能面临毁灭。"❷

引起俄罗斯网络空间安全战略发展变化的另一个原因是近年来网络恐怖主义的泛滥。恐怖组织利用网络的扩散性和隐秘性宣传极端主义思想，招募新成员，筹集资金，加大了防范和打击恐怖主义的难度。为有效防范利用信息技术颠覆国家政权及传播恐怖主义等不良思想，俄认为信息空间必须受到国家相关法律法规的约束和限制。因此，与 21 世纪前十年大力倡导"保护公民获取和使用信息的自由与权利"相比较，2010 年以后，俄罗斯开始遵循"国家机关应在公民自由交换信息和保障国家安全的必要限制之间保持平衡"的网络空间治理原则，政府出台一系列法律法规，加强对网络空间尤其是对社交媒体的监督与管理，规范公民网络空间行为。

1. 修订、完善法律法规，为强化网络空间监管提供法律依据

2010 年 12 月，俄罗斯出台《俄罗斯联邦信息、信息技术和信息保护法》的修正案《防止青少年接触有害其健康和发展的信息法》（第 436 - FZ 号联邦法案）。该法案界定了对青少年有害的信息的范围，要求网站对互联网内容进行分级。2012 年 7 月，俄罗斯国家杜马通过《防止青少年接触有害其健康和发展的信息法》的修正案。根据该法案，从 2012 年 11 月起，俄罗斯联邦通信、信息技术与大众传媒监管局建立网络黑名单制度，把提供吸毒、自杀、儿童色情信息的网站、网页、域名和 IP 地址等列入黑名单，由电信运营商通知网站所有者立即

❶ 张孙旭. 2016 年版《俄联邦信息安全学说》述评 [J]. 情报杂志, 2017 (10)：56 - 59, 30.
❷ ПЁТР ТОЛСТОЙ. Зачем нужна Доктрина информационной безопасности [EB/OL]. (2016 - 12 - 08) [2021 - 07 - 13]. https://news-front.info/2016/12/08/na-vojne-kak-na-vojne-petr-tolstoj.

删除，如果网站所有者拒绝执行，监管部门有权通过封锁 IP 地址或过滤内容的方式阻止该网站的信息传播。互联网内容分级制度和网络黑名单登记制度明确了网站、域名等所有者和运营商的具体权利、义务及责任追究程序等，为保障青少年网络安全提供了强有力的法律支撑。

2013 年 12 月，为打击网络恐怖主义、极端主义，俄国家杜马通过了《俄罗斯联邦信息、信息技术和信息保护法》的修正案《反对极端主义法案》。该法案规定，号召进行极端主义活动、呼吁参加违法群体性事件均属违法犯罪行为，检察长不经法院审理便可屏蔽包含上述内容的网站。该修正案是在克里米亚脱乌入俄的大背景之下颁布并生效的，它赋予政府执法机关立即封锁违法传播信息的网站的权力，对稳定社会治安、避免非法集会引发的流血冲突事件、维护国家团结和统一起到了积极的作用。

2014 年 4 月，俄国家杜马通过《俄罗斯联邦信息、信息技术和信息保护法》的修正案《知名博主管理方案》。该法案规定，凡是网页日均访问量超过 3000 人次的博主即为知名博主，必须实名登记，其博客等同于新闻媒体，必须遵守俄罗斯法律对大众媒体的相关规定。该法案还规定，知名博主不能利用网站或自己的网页从事违法犯罪活动，不得泄露国家机密，不能传播呼吁实施恐怖活动或美化恐怖主义及其他极端主义的材料，不能传播宣传色情、暴力及污言秽语的材料。

2019 年 3 月 19 日，普京总统签署了《俄罗斯联邦行政法修订案》。该法案旨在打击虚假新闻，禁止发布不尊重社会、国家、国家标志、宪法、国家权力机构的内容。根据法案内容，个人、官员和企业在网上发布虚假信息，如果影响到交通、通信等关键基础设施的运转，将分别面临 30 万、60 万或 100 万卢布的罚款。如果发帖不尊重社会、国家、国家标志、宪法、国家权力机构，初犯最高面临 10 万卢布的罚款，惯犯最高可判处 15 天的监禁。

2. 加大网络空间安全审查力度，依法惩戒网络空间犯罪

（1）研发网络空间监控系统

俄联邦安全局通过升级"索尔姆"网络监控系统对国内固定电话、手机、无线电和互联网通信实施严密监控；俄联邦对外情报总局秘密招标，研制"辩论会""监视器-3""风暴"等软件系统，强化对社交媒体的信息监管；俄军则通过"蛛网"综合信息系统实时监控国家关键信息基础设施防护状态。

（2）打击网络空间犯罪

针对网络空间违法行为，俄联邦执法机构主要采取警告、删除网页、关停网站、罚款等方式进行制裁，严重者予以拘禁。2017 年 7 月 6 日，俄罗斯黑客组织"沙尔泰·波泰"头目弗拉基米尔·阿尼克耶夫（Владимир Аникеев）因非法篡改政府官员个人信息等被判处两年有期徒刑。弗拉基米尔·阿尼克耶夫在庭审中被指控曾入侵多位克里姆林宫高层人物助理的电子邮件账户。❶ 2018 年俄罗斯共关停超过 6.4 万个非法信息网站。其中，知名社交网站领英、即时通信软件 Telegram 因违反《俄罗斯联邦个人数据保护法》相关条款、拒绝向联邦安全局提供用户消息解密密钥在俄罗斯被查封。

（3）将网络互动平台作为监管重点

俄注册网站数量庞大，2009 年年初俄罗斯使用.ru 域名注册的网站共计 18.59 万个，到 2009 年年末已达到 25.47 万个，2019 年年末则超过 300 万个❷，这无疑增加了网络监管的难度。在繁重的网络监管工作中，俄有关部门始终将网络互动平台作为重点，对网民留言、论坛网帖实行 24 小时严格监控，并借助技术手段及时甄别，避免网络谣言的广泛传播。2011—2012 年，在反对派举行大规模集会期间，为防止反对派继续制造谣言，引发大规模群体事件，俄有关部门以"网站受到攻击""网络超载"为由暂时或在一定区域内屏蔽了脸书、推特等社交网站。

---

❶ ВАЛЕРИЙ МЕЛЬНИКОВ. Уголовное дело лидера хакерской группы "Шалтай – Болтай" Владимира Аникеева ［EB/OL］. （2017 – 07 – 06）［2020 – 10 – 15］. https：//ria. ru/20170706/1497735211. html.

❷ 人民资讯. 俄罗斯域名发展使用情况管窥 ［EB/OL］. （2021 – 06 – 08）［2021 – 08 – 13］. https：//baijiahao. baidu. com/s？id = 1701973840057461024&wfr = spider&for = pc.

第四章 俄罗斯网络空间安全战略的动因与目标

俄罗斯网络空间安全战略的演进是一个动态发展的过程，在这一过程中有着诸多的推动力量。首先，网络空间安全战略是国家层面的安全战略，要服从、服务于国家安全保障战略，体现俄罗斯国家安全观的定位和要求。其次，现代信息通信技术的发展变化是俄罗斯网络空间安全战略演进的大背景。最后，俄罗斯在网络空间领域面临的威胁和挑战是其网络空间安全战略发展变化的直接原因。

俄罗斯网络空间安全战略有着明确的目标，始终围绕着助力建设强大的俄罗斯、为俄联邦数字经济保驾护航、确保境内互联网独立稳定运行、谋求国际网络空间权力等进行。

第一节 俄罗斯网络空间安全战略的演进动因

一、综合型网络安全观是俄网络空间安全战略的理论牵引

综合型网络安全观是俄罗斯整体国家安全观在网络空间领域的体现。所谓国家安全，是指国家利益特别是重大国家利益免受威胁或危害的状态，包含国家的政治安全、军事安全、经济安全、文化安全等内容。[1] 国家安全与国家相伴而生。国家出现后，防范外部入侵、维护内部秩序等逐步成为国家的主要职能之一。

---

[1] 黄旭东. 意识形态建设与国家安全维护 [J]. 湖北社会科学，2009（7）：16–18.

传统意义上的国家安全主要集中于军事安全、政治安全等领域，现代意义上的整体国家安全观内涵和外延都发生了重大而又广泛的变化。从涉及的主要领域看，国家安全已经从政治、军事领域发展演变到经济、社会、文化、科技、生态、资源、太空、深海等领域。从国家安全的关联性看，国家安全已经从注重内部安全、国内安全发展到必须关注外部安全、国际安全、共同安全等。从复杂程度看，现代意义上的国家安全已经远远超过了传统意义上的国家安全，恐怖主义、极端主义等非传统安全威胁对国家安全的影响越来越大。俄罗斯秉承整体国家安全观，高度重视国家安全问题。

国家安全战略是关于国家安全形势、目标、任务和实施的重要文件，对保障国家安全、维护国家利益具有重要的意义。俄罗斯自苏联解体以来长期面临严峻的国家安全挑战。在经历了反对北约东扩、防范"颜色革命"、打击国内外极端主义和恐怖主义势力、叙利亚战争及与格鲁吉亚、乌克兰等国的冲突等一系列保障国家安全的重大事件后，俄罗斯不断调整国家安全战略，以适应国内外形势的发展变化。

2000 年 1 月，俄罗斯总统普京签署《俄罗斯联邦国家安全构想》。构想指出，俄罗斯在信息空间领域存在诸多威胁与挑战，必须保障俄联邦信息安全，维护信息空间的国家利益。2000 年 4 月，普京签署《俄罗斯联邦军事学说》。该学说指出，美国和其他北约国家已经研制或正在研制的信息武器，包括计算机病毒、逻辑炸弹等，极大地改变了部队的作战能力和战争的性质，俄罗斯必须从信息安全的角度来考虑国家的军事、经济和科技政策，要加紧研制高新技术武器，特别是信息武器，提高对敌信息干扰的能力，完善远距离控制手段。

在《俄罗斯联邦国家安全构想》《俄罗斯联邦军事学说》的基础上，2000 年 6 月，俄罗斯颁布《俄罗斯联邦信息安全学说》，强调信息安全是俄罗斯国家利益的一个独立组成部分。在军事领域，"信息战日趋激烈化"，以侵略为目的的信息行为已成为当今世界形势不稳定的主要原因之一。敌对信息活动、攻击敌信息基础设施和信息对抗是未来军事、政治斗争的重要样式。确保本国信息安全并在激烈的信息对抗中获得优势是保证未来军事行动成功和军事行动安全的前提与基础。这些观点继承并丰富了《俄罗斯联邦军事学说》中关于信息战的重要论述，使学说中有关信息战的许多纲领性、宏观性内容进一步具体化，具有很强的操作性，能够在实践中得到贯彻与落实。

2010 年以来，俄罗斯开始了新一轮国家安全战略、军事战略、信息化发展战略、信息安全战略的修订工作。修订后的国家战略更加突出和强调网络空间安全，如 2014 年颁布的第四版《俄罗斯联邦军事学说》把俄罗斯在信息空间领域面临的军事威胁列为四大外部军事威胁之一，将其危害程度与大规模杀伤性武器和局部战争相提并论。学说指出，"将信息通信技术用于军事政治目的，利用信息通信技术破坏国家主权、领土完整，违反了国际法的准则，对国际和平、地区和国家安全构成了威胁。""俄罗斯必须建立、完善信息安全机制，发展信息对抗兵力和兵器。"❶

2015 年出台的《俄罗斯联邦国家安全战略》指出，美国及其盟友正在政治、经济、军事和信息领域对俄施加压力，致使俄罗斯不得不面对八类安全威胁，即北约抵近俄边境进行军事部署、"颜色革命"（包括破坏俄传统道德文化价值观的活动）、非洲和中东移民问题、乌克兰等新的冲突策源地不断涌现、恐怖主义和其他极端主义威胁、拥核国家增加和化学武器的扩散、全球信息对抗的影响不断加强、利用信息通信和高科技手段的新型犯罪日益增多。其中，"颜色革命"、信息对抗、网络犯罪与信息空间安全息息相关，信息空间的安全问题已成为仅次于国防安全、国家安全、社会安全的俄罗斯第四大安全问题。为此，《俄罗斯联邦国家安全战略》主张，要采取包括加强信息保护在内的综合性措施应对各类安全威胁，维护国家利益。这一变化为俄罗斯加快推进信息空间安全建设提供了政策依据和法律基础。❷

整体国家安全观决定了俄罗斯网络空间安全观的内容和特点，正是在整体国家安全观的基础上，俄罗斯形成了符合本国国情的综合型网络安全观。在 2016 年出台的《俄罗斯联邦信息安全学说》中，俄政府指出，信息技术在促进经济发展、完善社会功能和国家制度的同时也被用于达成地缘政治目的和军事目的，甚至被用于恐怖主义活动等违法犯罪行为，严重影响着国家安全、经济安全、国防安全、社会安全等。

在意识形态领域，信息成为美国等西方国家操纵社会意识的有力武器，俄宪

❶ Военная доктрина Российской Федерации［EB/OL］．［2019 – 12 – 02］．https://www.mchs.gov.ru/dokumenty/2940.

❷ О стратегии национальной безопасности Российской Федерации［EB/OL］．［2019 – 12 – 03］．http://www.kremlin.ru/acts/bank/40391.

法制度遭受破坏的风险加大。在西方势力的策动下，近年来多个原苏联加盟共和国政权急速更迭，北非和中东地区爆发了"阿拉伯之春"运动，俄罗斯面临着"颜色革命"的巨大压力。2016 年发布的《俄罗斯联邦信息安全学说》指出，"个别国家扩大特种服务的范围，施加意识形态领域的影响，破坏俄罗斯的政治与社会稳定，损害俄国家主权和领土完整。参与这些破坏活动的有宗教组织、人权组织和其他组织等，甚至还有一些民间团体。"

在经济和科技领域，虽然进入 21 世纪后俄罗斯信息技术产业稳步发展，并取得了一定的成果，但由于信息技术研发水平不高，在国际上仍然缺乏竞争力。国产信息技术和产品不具备体系性、领先性，导致俄罗斯在信息技术领域对外依赖程度较高，不仅加大了敏感信息泄露的风险，也使得国家经济发展受制于地缘政治利益。此外，俄罗斯还面临着信息通信领域人才流失严重、人才缺口补充不足等问题。

在国防领域，信息技术的发展及在军事领域的运用使得传统武装对抗的形式发生变化，信息空间成为新的作战领域。冷战后，虽然爆发大规模反俄战争的可能性不大，但俄格冲突、俄乌冲突的经验表明，俄罗斯面临的军事威胁不但没有随着冷战的结束而减少，反而在增加。俄军总参谋长格拉西莫夫在第五届莫斯科国际安全会议上发表讲话时谈道："俄罗斯遭遇到了极大的信息压力，一些国家针对俄罗斯开展了真正的信息战。"

在国际关系领域，国际网络空间新秩序尚未建立，缺少调节国与国之间关系的国际法机制。国外新闻媒体大肆诋毁俄罗斯国家政策，俄媒体在国际网络空间缺少话语权并经常遭受公开性歧视。例如，2016 年 11 月，欧洲议会通过一项制裁俄罗斯媒体的决议，指认俄媒体挑战西方价值观、分化欧洲，并将俄卫星通讯社和今日俄罗斯电视台等知名媒体机构与极端组织"伊斯兰国"的宣传媒介作对比，呼吁反制俄罗斯媒体在欧盟的宣传效果。对此，俄总统普京怒斥这一举措是欧洲民主的倒退。

综上所述，在国家安全观和网络安全观的理论指引下，以及在国家安全战略的政策基础上，俄罗斯依照本国国情制定、实施网络空间安全战略，并将其纳入国家安全战略，强调以维护信息安全为重点维护国家的综合安全。俄政府指出，社会的稳定、公民权利和自由的保障、法制秩序及国家财富的维护，在现阶段很大程度上都取决于信息安全保障和信息防护等问题的有效解决。

二、信息化进程客观推动俄网络空间安全战略发展演变

在 2000 年发布的《俄罗斯联邦信息安全学说》中，俄政府明确提出，"伴随着信息化进程的深入推进，国家安全对信息安全的依赖关系越来越突出。"这一表述的背后隐含了俄罗斯对信息化与网络空间安全二者关系的理解。信息化和网络安全相伴相生、密不可分，正是信息化的飞速发展对网络空间安全提出了越来越高、越来越广的标准和要求，没有信息化就没有网络空间安全问题。

日本学者北川高嗣、西垣通指出，广义上的信息化是指通过信息技术的开发与运用来促进社会发展，并使社会对信息的依赖程度越来越高。狭义上的信息化则是指信息技术被社会所开发和利用的程度。信息化并不仅仅是简单的信息技术应用，而是社会的发展和演变过程，它不仅关系到生产力的发展，也意味着生产关系的变革。

信息技术的快速发展和应用从"科技改变一切"的技术角度推动着网络空间安全战略的发展演变。虽然网络空间安全战略的目标、内容与实施在信息化发展的不同阶段有所不同，但从总体表现来看，信息化发展进程越快，信息化覆盖面越广，网络空间安全战略调整就越频繁，对网络空间安全的推动作用也就越直接、越明显。❶

俄罗斯在信息化进程的每一个阶段都高度重视网络空间安全，并制定与之配套的网络空间安全战略或政策。随着信息化的不断推进，网络空间对国家战略和政策的承载能力越来越强，体现为相伴相生的动态过程，这实际上是信息化所具有的技术属性在不停地推动着网络空间安全战略发展演变。

（一）信息技术的快速应用为网络空间安全战略创造巨大的环境空间

信息化塑造网络空间。信息技术的不断应用使网络空间越来越需要网络安全。以《2002—2010 年"电子俄罗斯"专项纲要》为起点，俄罗斯开启了大规模信息化建设。到 2019 年年底，俄信息化进程已经取得相当大的成就，信息技术覆盖了国民经济和人民生活的诸多方面。

---

❶ 韩宁. 日本网络安全战略研究 ［M］. 北京：时事出版社，2018.

从世界范围内看，经过 21 世纪以来的高速信息化建设，俄罗斯已经是信息化大国，信息技术应用水平处于世界前列。根据世界银行调查统计数据，2015年度，在世界七大人口大国之中，俄罗斯互联网普及率和智能手机普及率均排名第三，仅次于日本和美国。

从俄罗斯自身来看，信息技术在俄罗斯国内正被广泛应用，信息化为俄网络空间安全战略创造的环境空间越来越大，其中最有代表性的数据就是智能手机占有率、宽带普及率和网民数量。Fastdata 发布的数据显示：2018 年度俄罗斯智能手机普及率创下新高，每百人拥有的移动电话数量为 200.3 部，平均每人拥有两部手机（图 4-1）。

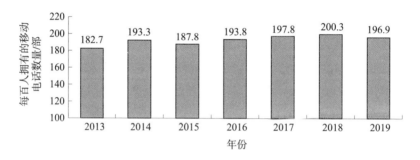

图 4-1　俄罗斯智能手机占有率

2019 年度，俄罗斯每百人宽带用户为 21.7 户，较 2013 年的 14.4 户大约增加了 50%（图 4-2）。

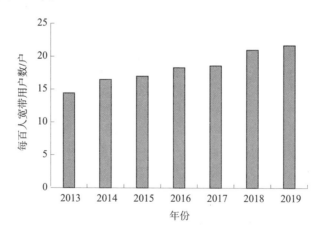

图 4-2　俄罗斯每百人宽带用户数

根据 Fastdata 的统计数据，自 2001 年以来，俄罗斯的网民数量不断攀升。2017 年度俄罗斯互联网用户接近 9000 万人，占人口总数的比例为 72.8%。2019 年度俄罗斯网民数量再创新高，达到 1.0966 亿人，占总人口的 75%。从 2001 年到 2019 年，不到 20 年的时间，俄罗斯网民数量从不足 500 万人增加至 1.0966 亿人，增加了 1 亿多人（图 4-3）。

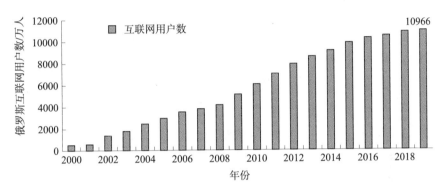

图 4-3 2000—2019 年俄罗斯网民数量

信息化的加速发展和互联网的空前普及在给人们带来便利的同时也导致网络犯罪数量持续走高。俄罗斯总检察院发布的数据显示，2016 年俄罗斯境内利用信息通信技术实施的网络犯罪数量达到 6.6 万起，约是 2013 年的 6 倍；这一数据仍呈现出上升态势，2017 年仅上半年就发生了 4 万起，直接损失超过 1800 万美元。❶ 这些数据充分说明，信息化程度越高，对网络空间安全的需求越大，网络空间安全战略的发展动力和空间也越大。

（二）信息化战略的不断演进为网络空间安全战略的发展注入动力和活力

为推进信息化进程、实现信息社会发展目标，俄罗斯制定了多项信息化战略和政策，其中最重要的有三项，分别是《2002—2010 年"电子俄罗斯"专项纲要》《2011—2020 年俄罗斯联邦信息社会专项规划》《2017—2030 年俄罗斯联邦信息社会发展战略》。这些战略和政策具有以下共性特点：一是都反映了俄罗斯当时国内外信息化形势和技术动态，确立了一定时期内的信息化奋斗目标；二是

---

❶ 俄联邦总检察长：近 3 年俄网络犯罪数量增长 5 倍［EB/OL］.（2017-08-25）［2019-11-23］. https://www.sohu.com/a/167182214_162522.

都强调信息安全（网络安全）的重要性，要求必须加强相关建设。例如，《2002—2010 年"电子俄罗斯"专项纲要》全文中有 5 次提到信息安全；《2011—2020 年俄罗斯联邦信息社会专项规划》包含 6 个子规划，其中之一就是"信息社会安全"；《2017—2030 年俄罗斯联邦信息社会发展战略》全文中有 6 次提到信息安全。

（三）信息化为网络空间安全战略的发展演变提供技术支撑

网络空间安全战略演进的前提和基础是信息技术的发展，有信息技术的支撑才会有网络空间的安全。"只有在一系列信息技术的标准和流程下，网络空间安全才有标准、流程。"❶ 网络空间安全实质上是信息技术应用的安全。当前世界信息技术发展日新月异，各种新技术新应用层出不穷，如果没有信息技术的快速发展，就难以做好网络安全工作。

信息化为网络空间安全战略提供技术支撑，首先体现在网络安全相关标准、规范是依据信息技术指标建立的。例如，21 世纪初俄联邦政府通信与信息署制定了一系列网络安全/信息安全的评估标准，如《计算机系统安全评估标准》《产品安全评估软件》《特殊环境下计算机系统安全评估标准使用指南》《网络安全评估标准说明》《安全数据库控制系统评估标准说明》《独立的分系统安全评估标准说明》等，这些评估标准均基于一系列详细的信息技术指标。又如，从 2018 年开始，俄罗斯根据《〈数字经济国家纲要〉之信息安全保障执行计划》的部署，在数字发展、通信和大众传媒部❷ 及联邦技术和出口监管总局、联邦安全局、联邦标准委员会等机构的主持下，通过公开竞争的方式开展公用通信网络信息安全保障标准的研制计划。俄政府希望借助新一代信息通信技术制定确保俄联邦网络空间安全的新标准。

信息化为网络空间安全战略提供技术支撑，还体现在以量子技术、人工智能、区块链技术为代表的新一代信息通信技术为保障网络空间安全提供了新手段、新方法。以人工智能技术为例，人工智能在网络安全防范中可以实现以下功能：①自动检测，由人工智能（AI）驱动的"狩猎"技术可以自动识别威胁并

---

❶ 韩宁. 日本网络安全战略研究［M］. 北京：时事出版社，2018.
❷ 2018 年 5 月 15 日，俄罗斯总统签署第 215 号总统令，原通信和大众传媒部更名为数字发展、通信和大众传媒部。

找到潜在风险之间的联系，从而消除流程中的人为错误；②快速检测，人工智能大大缩短了识别网站可疑问题所需的时间，利用人工智能技术，程序可以在短短几秒钟内分析大量访客，并根据他们的威胁级别进行分类；③安全认证等。

三、网络空间威胁与挑战推动俄网络空间安全战略演变

俄罗斯处于大国霸权冲突、地缘政治冲突、宗教冲突等多重矛盾交织的焦点。近年来，因南奥塞梯问题、克里米亚问题、叙利亚冲突，特别是"干选门事件"，美俄关系恶化到冷战结束后的最低点，俄罗斯面临西方世界全面制裁，政治上日渐孤立，经济上进入衰退。俄罗斯在网络空间面临的威胁与现实社会一样盘根错节、错综复杂，突出表现在面临美国等西方世界网络强国的信息控制、面临多国网络攻击指控的压力及面临全球和国内黑客组织的技术挑战三大方面。

（一）俄罗斯面临美国等西方世界网络强国的信息控制

美国视俄罗斯为"修正主义国家"，认为俄罗斯破坏美国的民主制度，挑战美国的实力和国际影响力，因此在网络空间对俄罗斯采取了全面抑制和监视策略，突出表现在以下两个方面：

一是对俄罗斯信息网络系统实施侦察和攻击，窃取大量机密信息。美国国家安全局（NSA）前雇员爱德华·斯诺登透漏，美国国家安全局"棱镜"（PRISM）项目秘密监听全球数百万用户的通话记录，美国联邦调查局则通过微软、谷歌、苹果、雅虎等九大互联网公司的服务器密切监视全球电子邮件等私人信息。俄罗斯的政治、经济、军事、科技情报正是美国监视的重点之一。自2013年6月7日美国总统奥巴马首次承认"棱镜"监听项目的存在以来，没有任何信息表明这种监控项目终止或者减少。相反地，网络空间的发展进一步促成了美国情报机构与硅谷高科技企业在数据挖掘层面的深度合作，美方利用其先进的数据挖掘技术和信息处理能力加强了对重点国家尤其是俄罗斯网络空间海量数据的分析处理，进一步强化了其互联网监控能力。

二是限制、打击俄罗斯信息技术产业的发展。2017年9月，美国国土安全部要求美国所有国家机构在30天内删除卡巴斯基软件，并在60天内制订过渡到其他软件的计划，90天内完成计划的实施，理由是"卡巴斯基可能给美国国土安

全带来隐患"。❶ 自 2018 年 3 月以来，美国财政部已宣布对俄罗斯互联网研究院、俄罗斯化学与力学研究所、俄罗斯国防部科研所等俄多家研发机构实施制裁，禁止美国公民与其进行交易，其在美国境内的资产被冻结。制裁的理由是这些研发机构为俄联邦安全局服务，对美国及其盟友实施互联网攻击。❷

（二）俄罗斯面临多国网络攻击指控的压力

俄罗斯网络活动受到西方发达国家的严密监控，网络话语权的缺失使其在国际舆论中极其被动，俄政府面临多国网络攻击指控的压力。2020 年 3 月，美国信息技术咨询公司博思·艾伦（Booz Allen）发布研究报告《俄罗斯军事网络作战背后的逻辑》。该报告列举了俄罗斯总参情报总局 2004—2019 年间实施的 33 个网络攻击案例，认定俄罗斯军方十余年来通过网络攻击在全球范围内支持其国家政策、维护其政治利益。

2017 年 9 月，美国网络安全公司指控俄罗斯黑客利用新型恶意软件 RouteX 感染美国网件（Netgear）路由器，把被感染路由器变成 SOCKS 代理，实施凭证填充攻击（俗称撞库）。同年 11 月，英国政府最高网络安全官员表示，俄罗斯对英国媒体、电信和能源行业进行了网络攻击。英美等国政府还将 2017 年爆发的大规模勒索病毒事件、2018 年冬奥会开幕式遭遇的恶意网络攻击及美国总统唐纳德·特朗普与朝鲜最高领导人金正恩举行会晤期间新加坡遭受的网络攻击指向俄罗斯。2018 年 10 月，英国、荷兰等西方国家再度联手指控俄总参情报总局对包括禁止化学武器公约组织、国际反兴奋剂组织、国际足联、美国反兴奋剂局和美国核电企业西屋公司在内的国际组织等进行了一系列的网络攻击。❸

对于上述指控，俄罗斯予以强硬否认，坚决反对美国等西方国家干涉俄罗斯内政，同时坚称自己才是网络攻击的受害国。从俄罗斯与美国等西方国家在网络空间的系列举措可以看出，网络空间已经发展成为国际政治斗争的新战场，成为大国博弈的首选范式。

---

❶ 卡巴斯基摊上事 美国土安全部宣布国家机构禁用［EB/OL］.（2017 - 09 - 14）［2019 - 11 - 23］. https：//baijiahao. baidu. com/s？ id = 1578472022791415699&wfr = spider&for = pc.

❷ 外媒：美国以网络攻击为由制裁俄罗斯研究机构［EB/OL］.（2020 - 10 - 24）［2020 - 11 - 20］. https：//baijiahao. baidu. com/s？ id = 1681444810722684055&wfr = spider&for = pc.

❸ 新华社. 指认发起网络攻击 西方国家"围攻"俄罗斯［EB/OL］.（2018 - 10 - 06）［2021 - 08 - 15］. http：//www. xinhuanet. com/mil/2018 - 10/06/c_129966397. htm.

（三）俄罗斯面临全球和国内黑客组织的网络攻击

虽然俄罗斯网民受教育程度较高，网络安全意识和网络安全能力普遍较强，但由于种种原因，俄罗斯一直以来都是全球互联网安全风险最高的国家，2012年俄计算机用户面临互联网风险水平高达58.6%，在线感染风险居全球首位。❶ 2020年7月11日，特朗普在《华盛顿邮报》的采访中首次公开承认曾于2018年批准对俄罗斯互联网研究院实施网络攻击，此举使俄罗斯互联网研究院在美国中期选举的几天内基本上处于断网状态。克里姆林宫发言人德米特里·佩斯科夫（Дмитрий Песков）也曾表示，俄罗斯面临全球和国内黑客组织的网络攻击，总统的网站每天都在遭遇黑客攻击，这些网络攻击来自包括美国在内的多个国家，俄罗斯媒体、银行和克里姆林宫网站多次遭到黑客入侵。俄罗斯面临的网络攻击和技术挑战主要有以下几个方面：

一是关键信息基础设施频遭网络攻击。据俄联邦安全局统计，2016年俄罗斯境内机构共遭受了约7000万次网络攻击，受害者主要是俄铁路运输公司、俄天然气工业股份公司等大型关键性基础设施企业及国家权力机关、金融机构等重点要害部门。❷ 在2019年的互联网安全大会（Internet Security Conference，简称ISC）上，俄联邦国际信息安全协会理事长阿纳托里·斯米尔诺夫（Анатолий Смирнов）表示：2018年俄罗斯关键信息基础设施因计算机攻击而造成的损失高达43亿美元，这一数字在过去6年中上升了57%，而这些攻击当中绝大部分来自网络强国美国。❸

二是网络犯罪高发。网页仿冒数量持续攀升，仿冒手段升级换代，拒绝服务攻击持续显现，木马和僵尸网络威胁巨大，勒索软件更新迭代，高级持续性攻击活动活跃，重点目标是与国计民生密切相关的关键基础设施网络，给政府、机构、企业和个人带来了严重的安全威胁。2015年俄罗斯因网络犯罪损

❶ 俄罗斯连续两年成为全球网络安全风险最高国家 ［EB/OL］.（2012 - 12 - 31）［2021 - 08 - 14］. https：//www.163.com/news/article/8K32BL5S00014JB5.html.

❷ 俄罗斯联邦安全局. 2016年俄境内机构遭受7000万次网络攻击 ［EB/OL］.（2017 - 01 - 25）［2019 - 02 - 17］. http：//world.people.com.cn/n1/2017/0125/c1002 - 29049402.html.

❸ 周鸿祎. 关键基础设施成为网络战的核心战场 ［EB/OL］.（2019 - 08 - 21）［2020 - 09 - 20］. https：//baijiahao.baidu.com/s? id = 1642481129241758275&wfr = spider&for = pc.

失大约 10 亿美元。❶ 2016 年 12 月，俄罗斯央行代理客户遭遇黑客攻击，约 20 亿卢布被盗。2017 年俄境内国际支付信息系统 SWIFT 被黑，直接损失达 3.395 亿卢布。

三是大规模数据泄露事件频发，其中社交平台数据泄露严重，数据泄露造成巨大的损失。2016 年 6 月，俄社交网站 VK. com 一亿份登录凭证被盗。同年 9 月，俄门户网站及电子邮件提供商 Rambler. ru 遭遇黑客攻击，约 9000 万账户的用户名、电子邮件地址、社交账号和密码被泄露。

四是网络恐怖主义泛滥。俄联邦安全局的数据显示，2016 年共发现约 2.6 万个涉及极端主义和恐怖主义的网页，较 2015 年翻了一番。这些网页主要用来传播激进主义思想、招募人员，并为国际恐怖组织筹措资金等。2017 年 4 月圣彼得堡地铁站连续发生两起震惊俄罗斯乃至全世界的恐怖袭击事件，造成 16 人死亡，50 余人受伤。据称，自杀式袭击者、其同伙和境外操控者在整个恐袭案的策划过程中都使用了网络即时通信软件 Telegram。

综上所述，俄罗斯网络空间面临的安全威胁呈现多层次、多维度、多领域风险交织叠加的趋势。传统网络安全威胁不断演进，数据安全风险日益加剧，关键信息基础设施面临有组织的高强度网络攻击，新的网络安全威胁不断衍生，国家政治、经济、文化、社会、国防安全及公民在网络空间的合法权益面临巨大的风险与挑战。日趋严峻的网络空间安全形势从根本上推动着俄网络空间安全战略的出台与演变。

第二节　俄罗斯网络空间安全战略的目标

战略目标的确定是制定发展战略的核心。战略目标实际上表现为战略期内的总任务，决定着战略重点的选择、战略阶段的划分和战略对策的制定。作为一种总目标、总任务和总要求，战略目标可以分解成某些具体目标、具体任务和具体要求。俄罗斯网络空间安全战略在其演进过程中始终围绕着以下具体目标、具体

---

❶ 翟潞曼. 俄罗斯 2015 年因网络犯罪损失约 10 亿美元［EB/OL］.（2015 - 12 - 10）［2020 - 09 - 20］. https://finance. huanqiu. com/article/9CaKrnJSbm3.

任务、具体要求：助力建设强大的俄罗斯，打造数字经济的安全盾牌，保障境内互联网独立稳定运行，谋求国际网络空间权力。

一、助力建设强大的俄罗斯

2000 年 7 月 8 日，普京总统上任后在第一篇国情咨文《俄罗斯：强国之路》中提出了强国富民、建设强大的俄罗斯的目标。普京指出，"俄罗斯唯一的选择是做大国"，"俄罗斯必须应对所面临的挑战，在当前是不要丧失资源大国的地位，继续发展和扩大作为资源大国的影响，中期必须制止与发达国家之间不断拉大的差距，远期是恢复和加强世界上发展中大国的地位。"

构建网络空间安全战略，确保网络空间安全，是俄罗斯实现大国之梦的重要组成部分。虽然从网民数量上看俄罗斯已经位居全球前十，但同我国一样，还不是网络强国，在很多领域受到制约和限制。无论是芯片、操作系统，还是应用系统，受制于人的局面十分严峻，这不仅不利于国内相关技术和产业的发展，也带来了严重的网络安全甚至国家安全隐患。

经过多年的发展，俄罗斯的信息网络设备已基本实现国产化，但是其中的一些核心芯片和一些应用系统还是来自美国等西方国家，这就使得其信息网络设备仍然存在无法掌控的漏洞，存在被攻击的风险，严重影响经济和社会发展。因此，建设强大、安全的网络空间是建设"强大的俄罗斯"在信息技术上的落实，是建设"强大的俄罗斯"在互联网时代的新视角，而信息网络反过来也为建设"强大的俄罗斯"提供强有力的支撑。"网络强国既是国家强盛和民族振兴的重要内涵，也是国家强盛和民族振兴的重要体现。"❶

构建网络空间安全战略，确保网络空间安全，是俄罗斯国家战略体系的重要支撑。互联网的发展逐步形成了一个超越现实空间并且主导现实空间的全新的生存空间，人类的各项社会活动都表现为现实空间与网络空间的渗透与融合。网络空间以社会化和即时化为基本特征，由迅速崛起的移动互联网的带动而进入了一个全新的发展阶段，实时同步的各种互联网应用逐渐超越异步应用成为主导，这就导致凡是国家的重大战略都同网络有关，如俄罗斯"互联网＋"行动计划、科

---

❶ 刘静. 网络强国助推器——网络空间国际合作共建 [M]. 北京：知识产权出版社，2018.

技发展战略、数字经济发展规划、国家安全战略、军事战略等，这些无不需要一个安全、强大、完善的信息网络作为基础前提和创新引擎。换言之，俄罗斯之所以将网络空间安全战略用于推动建设强大的俄罗斯，主要原因在于网络空间安全可以为俄罗斯实现强国之梦提供多种方法和手段，可以强政治、强经济、强军事等。

强政治，是指通过网络空间安全建设，巩固并提升俄罗斯的国际地位；维护俄罗斯在网络空间的国家利益和公民利益，发展并捍卫俄罗斯的民主制度，有效反击网络霸权主义、网络恐怖主义、网络极端主义，维护俄政治安全、政权安全；不断提升国家权力机关的公共管理与服务效率，保障公民与各类组织、权力机关进行自由、稳定和安全的信息交流。

强经济，是指通过网络空间安全建设，直接推动网络空间安全产业和信息技术产业的快速发展，进而实现金融安全，实现电力、水利、能源、矿产等直接关乎国计民生的关键基础设施的信息安全。此外，网络空间蕴藏着巨大的经济、科技潜力和宝贵的数据资源，是俄罗斯振兴经济的新引擎、新动力，它能够提升实体经济的创新力、生产力与流通力，为传统经济的转型升级带来新机遇、新空间和新活力。

强军事，是指通过研究网络空间作战理论、研发网络空间作战技术和装备、发展网络空间作战力量、实施网络空间作战等，能够丰富俄军新军事理论，优化传统作战样式，推动传统武器装备升级换代，进而提升俄军整体作战效能，确保打赢信息化条件下的局部战争。

综上所述，网络安全是俄罗斯建设信息社会、实现大国梦想所面临的重大问题。网络时代，只有网络安全了国家才能安全，国家安全了经济才能发展，经济发展了社会才能进步。在全球信息化步伐不断加快的关键时刻，保障网络空间安全是国家强大、社会进步、经济发展、人民生活富裕的现实要求，是建设"强大的俄罗斯"的关键支撑和重要保障。

二、打造数字经济的安全盾牌

当今世界，随着新一轮科技革命和产业变革深入发展，以崭新形态出现的数字经济不断发展壮大，并且以前所未有的广度和深度加速与实体经济融合，对人们的生产生活方式、全球治理体系、人类文明进步产生重大而深远的影响。

数字经济是人类通过大数据（数字化的知识与信息）的识别、选择、过滤、存储、使用，引导资源的快速优化配置与再生，实现经济高质量发展的经济形态。❶ 数字经济是一个内涵比较宽泛的概念，凡是直接或间接利用数据来引导资源发挥作用，推动生产力发展的经济形态都可以纳入数字经济的范畴。因此，数字经济既包括信息和通信技术（Information and Communication Technology，简称ICT）等核心产业，也包括利用数字工具进行的经济活动，还包括 ICT 赋能农业、工业、服务业所产生的贡献，即数字化农业、数字化工业和数字化服务业。在技术层面，数字经济包括大数据、云计算、物联网、区块链、人工智能、5G 通信等新兴技术；在应用层面，"新零售""新制造"等都是其典型代表。

俄罗斯高度重视数字经济发展，普京总统多次公开表示："发展数字经济是俄罗斯经济领域第一要务。"2017 年 7 月，数字经济列入 2018—2025 年俄联邦主要战略发展方向。同月，俄罗斯联邦通信和大众传媒部牵头，经济发展部、外交部、财政部、工业和贸易部、科教部、政府专家委员会等广泛参与，共同制定了《俄罗斯联邦数字经济规划》。2018 年《俄罗斯联邦数字经济规划》进入实施阶段，各项实施计划启动。

俄罗斯积极推动数字经济发展，促进经济数字化转型，主要目的在于：①抢占全球经济发展制高点，赢得战略主动权；②推动经济结构转型，促进国家繁荣。

进入 21 世纪后，信息技术的快速发展使得数字经济逐渐成为一个国家创新发展的重要动能，世界各国纷纷制定、颁布数字经济发展战略。在此大背景下，俄罗斯加快出台相关政策措施，统筹规划数字经济长远发展，是其赢得战略主动、争取领先地位的必然选择。

由于国际石油价格低位徘徊、欧美多轮经济制裁，严重依赖能源原材料出口的俄罗斯面临巨大的压力。经济方面，危机条件下经济结构问题暴露无遗，寻找新的经济增长点、促进经济结构转型、实现经济持续稳定增长成为政府工作的重中之重。社会层面，居民实际可支配收入持续下降，难以兑现 2012 年普京竞选总统时在"五月命令"中作出的承诺。因此，在创造新的就业岗位、提高劳动

---

❶ 百度百科. 数字经济 [EB/OL]. [2021 - 08 - 13]. https://baike.baidu.com/item/数字经济/10227477? fr = aladdin#reference - [1] - 1336472 - wrap.

生产率、增强企业竞争力、促进经济增长、改善民生、增强国际影响力方面，俄罗斯亟须提出切实有效的构想并付诸实施。发展数字经济、实现经济数字化转型不失为理想的选择。通过经济数字化和数字经济化实现国民经济创新发展，削减贫困，抑制社会分化，进而增强国家经济竞争力、增加国民财富、提升居民生活质量，顺理成章成为俄罗斯发展数字经济的目标。俄总统普京对此作过精辟的阐释："数字经济是促进国家繁荣的必要工具，是在全球市场上保持竞争力不可或缺的条件，是维护国家经济主权的战略组成部分，是涉及俄罗斯国家安全和独立的问题。"❶

近年来，俄罗斯数字经济有了一定的发展，信息化基础设施不断完善，数字技术市场化应用加速推进。然而，在数字经济不断发展的同时，网络安全、数据安全等问题频繁出现。以网络为核心的数字经济运行载体在带来财富与便捷的同时面临的风险和挑战日趋严峻。俄罗斯国家计算机事件协调中心副主任穆拉绍夫称，2017 年俄罗斯遭受的网络攻击数量为 24 亿次。2018 年前 11 个月，这一数据几乎增长了一倍，达到 43 亿次。❷ 在新一轮 WannaCry 和 NotPetya 病毒的侵袭下，俄罗斯石油公司这样的大型企业也未能幸免于难。越发严峻的网络空间安全形势严重影响了俄罗斯数字经济的健康发展。网络空间安全问题已经成为俄罗斯经济领域最重要的问题之一，确保网络空间安全已经刻不容缓。

大力发展数字经济必须夯实网络空间安全的基石，唯有筑牢网络安全防线，才能为数字经济健康发展保驾护航。换言之，数字经济健康发展需要将数据和网络作为核心保护目标，通过网络安全和数据安全共筑数字经济发展的"护城河"和"城墙"。在 2016 年出台的《俄罗斯联邦信息安全学说》中，俄政府提出，保障经济领域信息安全的战略目标是：大力发展国产信息通信技术，研制和生产有竞争力的信息安全保障设备。通过制定、实施信息安全战略，建立一个强大、安全和可信的网络空间环境，推动数字资产和产权保护，防御及反击网络高风险攻击，改善企业经营安全管理，同时在电子政务、电子商务、金融、银行及其他互联网在线业务方面为数字经济健康发展保驾护航。

---

❶ В ПУТИН. Выступление на заседании Совета по стратегическому развитию и приоритетным проектам ［EB/OL］.（2017 - 07 - 05）［2020 - 10 - 15］. http://kremlin.ru/events/president/news/54079.

❷ 俄官员：俄遭受的网络攻击主要来自美国和欧盟国家［EB/OL］.（2018 - 12 - 12）［2021 - 09 - 19］. https://baijiahao.baidu.com/s? id = 1619619973201633477&wfr = spider&for = pc.

三、保障境内互联网独立稳定运行

保障国际互联网俄罗斯段独立稳定运行，是俄网络空间安全战略的一大重要目标，是俄维护网络空间主权，对抗美国等西方国家网络威胁、网络攻击、网络霸权，防范国家断网风险的现实需求。所谓国家断网，是指某些国家或组织利用物理或技术手段，导致目标国境内网民不能访问国际互联网、境外网民不能访问目标国境内互联网资源的一种状况。从技术角度看，国家断网可分为物理断网与逻辑断网两种方式。

1. 物理断网

物理断网是指通过切断跨境光缆传输或阻断互联网交换点的方式，从通信链路上彻底切断目标区域与国际互联网的联通。

随着光纤通信技术的日益成熟，跨境光缆线路已从陆地铺向海底。其中，亚欧陆地光缆经中国穿越俄罗斯陆境到达欧洲，是目前全球最长的陆地光缆系统；海底光缆则是当前洲际通信的主要媒介之一，关键技术被美国、法国、德国等国际光缆巨头垄断。切断跨境光缆的物理断网可由自然因素或人为因素造成。2008年2月，中东地区出现多起海底光缆断裂事件，国际电信联盟推测可能是恐怖袭击所致。❶

互联网交换点是不同网络之间互相通信的连通点，一般由第三方或政府支持的互联网交换中心负责运营，是互联网的重要基础设施。目前，全球有超过600家互联网交换中心，主要分布在欧洲、北美和亚洲部分国家。互联网交换点是地区性互联网枢纽，在网络互联互通中扮演着"中间人"和"桥梁"的重要角色。因此，阻断互联网交换点可以从物理上彻底切断目标区域与周围地区互联网的连通。

一般而言，物理断网对于网络结构简单、规模较小的地区行之有效，但对于网络大国，鉴于互联网对等互联的特点，对其实施物理断网，需同时切断大量跨

---

❶ 国际电信联盟. 中东海底光缆断裂可能为恐怖袭击 [EB/OL]. （2008 – 02 – 21）[2020 – 08 – 29].
https://world.huanqiu.com/article/9CaKrnJkgm1.

境光缆，或攻击多个地区由不同网络运营商维护的互联网交换点，实际操作非常困难。

2. 逻辑断网

逻辑断网是指通过中断互联网寻址逻辑导致目标国家网络连接中断。在现有互联网体系结构之下，域名服务是互联网实现寻址的事实标准，网址域名需由域名解析服务器翻译成网络地址，才能建立连接实现访问。控制了域名服务系统，就可以利用逻辑寻址机制停止对某个国家的域名解析服务，使其无法访问互联网资源。

国际互联网的域名解析体系采取的是中心式分层管理模式，其中顶级域名解析服务由根服务器完成，因此根服务器对网络安全、稳定运行至关重要，被称为互联网的中枢神经。根域名服务器向下分发国家顶级域名和通用顶级域名，再由此向下形成二级、三级直至多级域名定义体系。目前，包括我国和俄罗斯在内的多个国家都能够自主控制国家顶级域名服务器，如对 .cn 和 .ru 的域名解析均可在本国境内完成，不再依赖美国的根域名服务器，即使遭遇美国主根服务器逻辑断网，仍能利用备用系统维持国内互联网正常运转。但是，无论在我国还是在俄罗斯，仍有许多事务运转依赖于 .com 和 .net 等通用顶级域名，这些域名解析必需依赖美国的主根服务器，一旦遭遇逻辑断网不可连接。

长期以来，美国凭借其在互联网中的原创地位、技术领先优势、域名管理权力和数据处理能力，拥有国际互联网的绝对控制权。尽管美国政府已经于 2016 年 10 月向互联网名称与数字地址分配机构（Internet Corporation for Assigned Names and Numbers，简称 ICANN）全面移交了互联网域名管理权，但美国仍能通过本国司法体系直接影响 ICANN 的相关业务。俄罗斯认为，美国在网络空间的霸权事实上侵犯了俄罗斯作为主权国家的管辖权、独立权、防卫权和平等权。俄总统普京的互联网顾问盖尔曼·克利门科（Герман Клименко）表示，西方国家只需要"轻轻按一下按钮"，就可以断开俄罗斯和西方国家的网络连接。❶ 在短时期内无法改变美国网络优势地位的现实情况下，在国内网络安全事件频繁爆

---

❶ 叶承琪. 俄罗斯要"全国断网"？俄专家：我们在与所有人为敌 [EB/OL]. （2013 - 02 - 19）[2019 - 12 - 14]. https://jiahao.baidu.com/s? id = 1625343575897144010&wfr = spider&for = pc.

发的现实威胁下，俄罗斯未雨绸缪，采取种种措施，多管齐下，应对断网带来的威胁。

目前，俄罗斯已通过立法、行政、司法等多种手段要求与本国利益密切相关的网络使用俄国家顶级域名，域名解析工作交付本地服务器处理，从而彻底摆脱依赖美国主根服务器域名解析的掣肘，确保即使遭遇国家断网，仍能保障俄罗斯境内互联网完整、稳定运行。

早在 2014 年，普京总统就在俄联邦安全会议上提出了全球域名系统过度依赖美国主根服务器的问题。俄通信部还于当年举行了一次大型断网演习，模拟全球互联网服务瘫痪，俄罗斯使用备份域名系统支持国内网络运营。2017 年 10 月，俄联邦安全会议正式提出创建独立的域名系统根服务器，以应对西方国家对俄日益增强的网络空间安全威胁。2019 年 11 月，《关于对俄罗斯联邦〈通信法〉〈信息、信息技术和信息保护法〉进行修订的第 90 号联邦法案》生效。法案重申建立俄罗斯的国家域名系统，从而确保俄境内的网络系统在与国际互联网根服务器断开时仍可安全、稳定、完整地为俄罗斯公众提供服务。此外，为确保数据安全并最大限度地减少利用境外路由器传输数据，法案规定，俄罗斯公民的数据必须储存在俄联邦境内，电信运营商只能通过指定节点、按照政府规定流程和要求进行信息交换。2019 年 12 月，俄罗斯再次举行断网演习。俄联邦数字发展、通信和大众传媒部副部长阿列克谢·索科洛夫（Алексей Соколов）称，"演习结果表明，总体上政府部门与各通信运营商对断网威胁做好了有效的准备，确保了互联网和电信统一网络的稳定运行。"❶

四、谋求国际网络空间权力

当今世界正在经历百年未有之大变局，其最显著的特征是大国力量对比发生深刻变化，以及由此而引起网络与权力的博弈。信息技术革命既是当前大变局产生的重要驱动力，也是大变局中大国博弈的重要载体和工具。

在现行国际体系中，各国因信息化发展程度不同、网络资源掌握程度不同、

---

❶ КИРРИЛ КАЛЛИНИКОВ. В Минкомсвязи оценили прошедшие учения по устойчивой работе рунета [EB/OL]. (2019 – 12 – 23) [2020 – 03 – 24]. https://ria.ru/20191223/1562741911.html.

对互联网和网络空间属性理解不同及国家利益不同，网络空间国际政策存在较大的差异性。"网络空间总体上处于无序、混乱和不平等所带来的威胁和挑战中，网络权力结构处于不断变化的建构期。"❶ "当今世界，谁掌握了网络信息控制权、网络信息发布权、网络空间话语权，谁就将达到资本与暴力都无法企及的地位。"❷ 随着网络权力渗透至世界各个角落，网络权力已成为未来世界最强大的控制力，"网络武器的威力甚至胜过原子弹。"❸

2011 年 5 月，美国发布《网络空间国际战略》，这是世界上第一份明确表达主权国家在国际网络空间权力和责任的战略文件。面对美国在网络空间领域咄咄逼人的攻势，俄罗斯也于 2013 年 8 月出台了《2020 年前俄罗斯联邦国际信息安全领域国家政策框架》，向全世界宣告俄罗斯在国际信息安全领域国家政策的目标、任务、优先方向及实现机制，加入对网络权力的争夺之中。俄罗斯之所以谋求网络权力，主要是因为网络权力已经成为国家实力的象征，可以维护俄罗斯在国际网络空间的利益，强化俄罗斯世界大国的国际地位。

具体来讲，俄罗斯谋求国际网络权力主要体现在与美国竞争国际网络空间新秩序和标准、规则制定的主导权。俄罗斯作为美国的战略竞争对手，通过牵头制定网络空间国际规则、标准，建立国际网络空间新秩序，既避免了在国际网络空间的被动局面，也最大限度地维护了自身的国家利益。

俄罗斯和美国关于网络空间国际新秩序的竞争主要体现在理念和路径两个方面。长期以来，美国一直鼓吹"互联网自由"的概念，认为网络空间是独立于国家之外的"全球公共领域"，"人权高于主权"的原则同样适用于网络空间，因此美国政府一直试图通过国家战略和国际协议促进全球互联网的开放性、透明性，要求世界各国充分保障本国网络空间自由，确保信息能够在国际网络空间自由流通。对此，俄罗斯坚决反对。俄认为，美国的"互联网自由"战略有着明确的政治目的，"互联网自由"是美国进行外交施压和谋求霸权的一个说辞，"互联网自由"战略事实上是美国以自由民主之名，借新兴网络工具行干涉他国内政之实。美国政府对互联网应用的定位已经超越技术领先、技术垄断和技术控

---

❶ 韩宁. 日本网络安全战略研究［M］. 北京：时事出版社，2018.

❷ 冷翠玲，纪舒洋. 新时代我国网络空间话语权建设浅析［J］. 天津中德应用技术大学学报，2020（3）：84 – 87.

❸ 东鸟. 中国输不起的网络战争［M］. 长沙：湖南人民出版社，2010.

制的层面，已然成为其推进西方民主、政治渗透、和平演变的意识形态工具。俄罗斯指出，互联网是国家重要的基础设施，国家主权原则适用于网络空间，俄罗斯境内的互联网属于俄主权管辖范围，俄罗斯的互联网主权应受到尊重和维护。世界各国都应该尊重其他国家自主选择网络发展道路、网络管理模式、互联网公共政策和平等参与国际网络空间治理的权利，不搞网络霸权，不干涉他国内政，不从事、纵容或支持危害他国国家安全的网络活动。为此，俄罗斯在联合国大会和各种国际组织中频繁发声，阐述俄罗斯的观点和看法。

关于互联网治理，以美国为首的西方国家认为，应由包括政府、私人部门、公民社会等多利益攸关方主导治理，俄罗斯则支持采用由主权国家主导的治理模式。俄罗斯认为，通过主权国家对 ICANN 实现多方管理，将实质性推动以互联网为代表的全球网络空间的国际化进程，改变由美国事实上单独管制网络空间关键资源的现实。

关于现有国际法在网络空间的适用，以美国为首的西方国家强调现有国际法适用于网络空间，不主张制定有关网络空间新的国际规则；俄罗斯则认为，不仅要对现有国际法在网络空间的适用性进行积极探讨，还要根据网络空间出现的新问题制定新的规则和标准。北约合作网络防御卓越中心分别于 2013 年和 2017 年推出《塔林网络战国际法手册》和《网络行动国际法塔林手册 2.0 版》，对和平时期和战争时期现有国际法在网络空间的适用进行了具体的探讨。对此，俄罗斯和我国在吸收多方意见的基础上共同起草了《信息安全国际行为准则（草案）》，并将其作为第 66 届联合国大会正式文件散发，呼吁各国在联合国框架内就此展开进一步讨论，尽早制定规范各国在信息和网络空间行为的国际准则和规则。2015 年俄罗斯再次向联合国大会递交了《信息安全国际行为准则（草案）》的修订版本，在国际社会引发广泛反响。修订草案指出，"推动联合国在促进制定信息安全国际法律规范、和平解决相关争端、促进各国合作等方面发挥作用。"

2018 年 10 月 18 日，美国联合加拿大、日本、澳大利亚、爱尔兰等国向联合国大会提交了《从国际安全角度促进网络空间国家负责任行为》的决议草案，要求确认私营部门、学术界和民间社会组织在国际网络治理中的参与机制，并要求联合国加紧制定网络空间国家负责任行为的准则，深入研究国际法在网络空间的具体运用等问题。与此针锋相对，俄罗斯和中国、伊朗、朝鲜、哈萨克斯坦等国向联合国提交了《从国家安全角度看信息和电信领域的发展（草案）》，强调

《联合国宪章》所确立的国家主权原则、互不干涉内政原则、禁止使用武力原则和和平解决争端原则等是确保网络空间国际秩序公正合理的基石，应该充分发挥联合国在国际网络空间规则制定过程中的主导作用等。

综上所述，俄罗斯认为，由于全球网络空间有效治理机制的缺失，以美国为首的发达国家推行网络霸权战略，严重损害了俄罗斯在国际网络空间的利益，进而威胁到俄罗斯的网络空间安全等。因此，俄政府试图通过牵头制定网络空间国际规则与标准，使其有利于维护自己的国家利益，谋求网络空间话语权及建立新秩序的主导权，在未来的网络空间竞争格局中占据有利位置。

第五章　俄罗斯网络空间安全战略的实施

战略实施，即战略执行，是为实现战略目标而对战略规划的实施与执行。战略实施直接关系到战略目标达成与否，是战略研究的重点与关键，既可呈现战略的全貌，也可发现战略的内涵。俄罗斯网络空间安全战略是根据网络空间安全的本质属性，结合自身网络空间安全形势，通过自上而下开展顶层设计、突出重点领域能力建设、加强战略实施保障体系建设来落地实施的。

第一节　自上而下开展顶层设计

"顶层设计是指运用系统论的方法，从全局的角度，对某项任务或者某个项目的各方面、各层次、各要素进行统筹规划，以集中有效资源，高效快捷地实现目标。"❶ 俄罗斯在网络空间安全战略的实施过程中统一筹划网络空间安全力量，通过制定一系列战略规划和法律法规形成国家组织领导体系，自上而下推进网络空间安全战略的落实与全面实施。

一、制定网络空间安全战略规划和法律法规

在网络空间安全战略的演进过程中，俄罗斯一直将出台网络空间安全战略规划、制定网络空间安全法律法规作为其网络空间安全顶层设计的核心，目的在于通过各种政策规划和法律法规为网络空间安全建设指引方向、铺设轨道，使网络

---

❶ 百度百科. 顶层设计 [EB/OL]. [2020 – 10 – 06]. https://baike.baidu.com/item/顶层设计.

空间安全战略具有明确的目标和清晰的路径，能够整体推进、全面实施，且重点突出、成效显著。

（一）出台一系列文件，确立网络空间安全建设的目标、方向和重点

为指引网络空间这一新兴领域的建设，俄罗斯先后发布《俄罗斯联邦信息安全学说》（2000 年）、《俄罗斯联邦武装力量全球信息空间活动构想》（2012 年）、《2020 年前俄罗斯联邦国际信息安全领域国家政策框架》（2013 年）、《俄罗斯联邦信息安全学说》（2016 年）等专门指导网络空间安全建设的战略性规划文件。这些文件从不同角度阐述了俄罗斯国内、国际和军队网络空间安全建设的迫切性、指导原则、建设目标、建设内容与建设重点。

2000 年 6 月，俄总统普京签署《俄罗斯联邦信息安全学说》。学说共分四部分、11 节。第一部分"俄罗斯联邦信息安全"包括第 1～4 节，依次阐述俄罗斯联邦在信息领域的国家利益及其保障、信息安全威胁的种类、信息安全威胁的来源、信息安全的现状及信息安全保障的主要任务。第二部分"俄罗斯联邦信息安全的保障方法"包括第 5～7 节，第 5 节阐述俄联邦保障信息安全的一般方法，即法律方式、组织和技术方式、经济方式；第 6 节分析了俄罗斯在经济领域、内政领域、外交领域、科技领域、精神生活领域、执法和司法领域等面临的威胁，指出了上述领域信息安全的目标、所采取的主要措施；第 7 节阐明俄罗斯在信息安全领域国际合作的主要内容。第三部分"俄罗斯联邦保障信息安全的国家政策及优先采取的措施"共 2 节，第 8 节阐述俄罗斯信息安全领域国家政策所遵循的原则，政府履行职能以确保俄罗斯信息安全的行动方向；第 9 节阐明俄罗斯信息安全领域国家政策的优先措施。第四部分"俄罗斯联邦信息安全保障的组织基础"包括第 10、11 节，第 10 节阐明俄联邦信息安全保障体系的主要功能，第 11 节阐述了俄联邦信息安全保障体系的构成要素。《俄罗斯联邦信息安全学说》是俄罗斯在网络空间安全领域发布的第一份战略性指导文件，它的发布与实施标志着网络空间安全在俄罗斯已经上升至国家安全的高度。

2012 年 3 月，俄罗斯发布了《俄罗斯联邦武装力量全球信息空间活动构想》❶。

---

❶ Концептуальные взгляды на деятельность Вооруженных Сил Российской Федерации в информационном пространстве［EB/OL］．（2012 － 03 － 12）［2020 － 04 － 01］．https：//ens. mil. ru/science/publications/more. htm？id＝10845074％40cmsArticle.

构想首先对武装力量信息安全、信息战、信息基础设施、信息武器、信息空间、国际信息安全等概念进行了界定，然后指出俄军信息空间建设和行动必须遵循的六项原则：一是合法性原则，即俄罗斯军队在信息空间采取行动时，要自觉地遵守俄罗斯现行法律和国际法准则的相关规定；二是优先性原则，即针对信息空间威胁，预先采取必要的防护措施；三是综合性原则，为应对各类威胁，综合运用各种手段、动用所有力量遂行各项任务；四是协同性原则，政府各部门和机构加强协作，确保在信息空间协同行动；五是合作性原则，俄罗斯将基于国际法规范和准则，与所有友好国家和国际组织加强互信，共同建立有效的联合行动机制，以确保信息空间安全；六是创新性原则，为确保信息空间战略优势，要加快技术研发，推广应用先进的技术、手段和方法，并吸收高水平专业人员遂行信息安全保障任务。构想还阐明了俄军在遏制和防止信息空间军事冲突、解决信息空间军事冲突方面的一系列规则及俄军为建立信息空间的信任所采取的措施。

2013 年 8 月，俄罗斯发布《2020 年前俄罗斯联邦国际信息安全领域国家政策框架》。框架首先分析了俄罗斯在国际信息安全领域面临的主要威胁，然后阐明了俄罗斯联邦在国际信息安全领域国家政策的目标、任务、主要方向及实现机制。

2016 年 12 月，为应对国内外网络空间安全形势的变化，俄罗斯再次颁布《俄罗斯联邦信息安全学说》。新版信息安全学说分为五部分，依次为：总则、信息领域的国家利益、主要信息安全威胁和信息安全状况、保障信息安全的战略目标和主要方向、保障信息安全的组织基础。总则指出，信息安全学说是俄罗斯联邦保障国家信息安全的官方观点，是保障俄罗斯联邦形成国家信息安全政策和实现社会发展的基础，是制定和完善信息安全保障措施的依据。总则还对信息领域的国家利益、信息安全威胁、信息安全、信息安全保障、信息安全保障力量、信息安全保障手段等概念进行了界定。学说第二、三、四部分依次阐述了俄罗斯在信息领域的国家利益，俄罗斯面临的主要信息安全威胁，俄罗斯在国防、国家和社会安全、经济、科技和教育、战略稳定和平等的战略伙伴关系五个领域信息安全保障的战略目标和主要方向。❶

---

❶ Доктрина информационной безопасности Российской Федерации ［EB/OL］. （2016 – 12 – 05）［2020 – 04 – 01］. http://www.scrf.gov.ru/security/information/document5/.

上述学说、构想、政策框架等为俄罗斯网络空间安全战略的实施确立了目标、指引了方向，是俄网络空间安全建设的行动指南。

（二）颁布多部法律法规，为网络空间安全建设保驾护航

为适应日趋复杂而严峻的网络空间安全形势，俄政府不断修订、完善已有的法律法规，出台新的法律法规和司法解释。目前，俄罗斯已经构建了一个以宪法为依据，以《信息、信息技术和信息保护法》为基础，以各种具体的法律法规规范为支撑的比较完善的网络空间安全法律体系。

1. 以俄罗斯联邦宪法为依据

宪法是国家的根本大法，是治国安邦的总章程。宪法规定国家的根本任务、根本制度和公民的基本权利义务等内容。《俄罗斯联邦宪法》对公民信息权利的规定比较全面，主要体现为思想和言论自由权、信息自由权、隐私权、文化教育权和知识产权等。

《俄罗斯联邦宪法》第 29 条第 1、3、4、5 款规定了公民的思想和言论自由权、信息自由权："1. 保护每个人的思想和言论自由"，"3. 任何人都有利用任何合法方式搜集、获取、生产和传播信息的权利。构成国家秘密的信息清单由俄罗斯联邦法律确定。"第 23 条规定了公民的隐私权："每个人都有保守个人和家庭秘密不受侵犯、维护其荣誉和良好声誉的权利。""每个人都有保守通信、电话交谈、邮件及电报和其他交际秘密的权利。只有根据法庭裁定才可限制这一权利。"第 24 条规定："未经本人同意不得搜集、保存、利用和扩散有关其私生活的信息。""国家权力机关和地方自治机关及其公职人员必须保证每个人都可以接触直接涉及其权利和自由的文件与资料。法律另做规定的例外。"第 44 条规定了公民的文化教育权和知识产权："保障每个人的文学、艺术、科学、技术和其他类别的创作、教授自由。知识产权受国家保护。"《俄罗斯联邦宪法》关于公民信息权利的详细规定为俄政府和军队保障国家信息安全提供了宪法依据。

2. 以《信息、信息技术和信息保护法》为立法基础

早在 1995 年俄政府就出台了《信息、信息化和信息保护法》。2006 年，为更好地维护信息主体尤其是公民的信息权利，促进信息技术在各领域的应用，保

障信息安全，俄国家杜马在上述法律的基础上进行修订，出台了《信息、信息技术和信息保护法》。

《信息、信息技术和信息保护法》对信息、信息技术、信息系统、信息通信网络、信息拥有者、信息访问、信息隐私、信息提供、信息传播、电子邮件、信息存储、信息系统操作员等概念进行了界定；对保障公民和组织的信息权利，如信息获取权、隐私权等给予了保护，强调公民可以通过合法手段自由搜集、获取、传递、生产和传播信息，未经俄罗斯联邦法律批准，不得限制公民获取信息；国家机构和地方自治机构业务信息公开，公民自由获取；公民私生活不可侵犯。

《信息、信息技术和信息保护法》是俄罗斯信息安全立法的基础，是俄信息安全保障领域的基本法。自 2006 年颁布实施后，俄政府又因应信息领域形势变化对该法进行了多次修订和补充。

3. 以各种具体的法律法规规范为支撑

俄罗斯在网络空间安全领域的法律法规规范还包括《信息权法》《国际信息交易法》《因特网发展和利用国家政策法》《信息和信息化领域立法发展构想》《个人信息法》《个人数据法》《网络审查法》《大众传媒法》《通信法》《防止青少年接触有害其健康和发展的信息法》《政府信息公开法》《知名博主管理法案》《禁止极端主义网站法案》《产品和服务认证法》《电子文件法》《电子合同法》《电子商务法》《信息保护设备认证法》《关键信息基础设施安全法》《主权互联网法案》等。这些法律法规和司法解释覆盖俄网络安全、互联网基础设施与基础资源、电子政务、电子商务、个人信息保护等诸多领域，为俄罗斯保障本国网络空间安全提供了法律依据和制度基础。

二、形成国家组织领导体系

国家组织领导体系开展网络空间安全顶层设计和实施网络空间安全战略，决定着网络空间安全战略制定的质量和实施的流程、效果。俄罗斯网络空间安全组织领导体系是在国家网络空间安全战略的指引和网络空间安全压力的作用下不断发展完善起来的。"俄罗斯网络空间安全职能部门依据业务引领的原则形成了职

责明晰、机构健全的网络安全政策执行体系,有效保障了网络安全管理职、责、权的统一。"❶

从构成上看,俄罗斯的网络空间安全组织领导体系可以划分为决策层和执行层。决策层面的网络空间安全机构主要是指以总统为首的俄联邦安全委员会,其主要职能是制定网络空间安全战略,确立网络空间安全组织机构,监督网络空间安全战略和政策的执行情况等。执行层面的网络空间安全机构主要包括俄联邦安全局、俄联邦警卫局、俄联邦内务部、俄联邦国防部、俄联邦武装力量总参谋部及俄联邦数字发展、通信和大众传媒部,主要职能是在各自职权范围内执行决策层关于国家网络空间安全战略和政策的命令、决定等,保障俄罗斯网络空间安全。

(一)决策层面

1. 俄罗斯联邦总统

总统在俄联邦网络空间安全组织领导体系中处于决定性的主导地位,这主要取决于两点:一是宪法赋予总统在国家安全事务上的绝对权威;二是俄总统同时担任国家网络空间安全最高组织机构——俄联邦安全委员会的主席。俄总统在网络空间安全组织体系中的决策功能主要体现在以下两个方面:

1)批准有关网络空间安全的战略规划、法律法规。例如,2000 年普京总统签署命令,批准《俄罗斯联邦信息安全学说》;2012 年梅德韦杰夫总统批准《俄罗斯联邦关键基础设施重要目标生产和工艺过程自动化管理系统安全保障领域国家政策主要方向》;2013 年再次当选总统的普京批准《2020 年前俄罗斯联邦国际信息安全领域国家政策框架》。

2)确立网络空间安全组织体系,确保国家网络空间安全政策的顺利实施。例如,2003 年 3 月,为适应网络空间安全形势的发展变化,普京总统签发总统令《关于完善俄罗斯联邦安全领域国家机构的命令》,撤销了当时最主要的网络空间安全机构——俄联邦政府通信与信息署,并将其负责网络空间安全业务的部门转隶至俄联邦安全局、俄联邦警卫局。又如,2017 年 12 月,普京总统发布第

---

❶ 刘刚. 俄罗斯网络安全组织体系探析 [J]. 国际研究参考, 2021 (1):24–29.

620 号总统令，进一步扩大俄联邦安全局网络安全监管和网络犯罪打击职责范围，赋予其监管俄联邦政府机构与驻外使领馆计算机攻击监测、预警和后果消除系统及其他所有信息系统、电信系统和自动化系统的职责。

2. 俄罗斯联邦安全委员会

俄罗斯联邦安全委员会负责网络空间安全领域战略与政策的研究和制定，监督、评估和协调网络安全机构的具体工作，指挥信息安全行动，是俄保障国家安全的最高决策机构。俄罗斯联邦安全委员会中负责网络空间安全事务的机构主要有跨部门信息安全委员会、科学委员会信息安全分委员会、信息技术与信息安全保障司。这三个机构在安全委员会决策机制中的职能不同：信息技术与信息安全保障司负责提出网络空间安全建设的意见和建议；跨部门信息安全委员会负责讨论保障司提出的意见和建议，形成网络空间安全建设提案，安全委员会主席（总统）主持安全委员会常委会或全体会议，讨论跨部门信息安全委员会提出的网络空间安全建设提案，并形成网络空间安全建设决议；科学委员会信息安全分委员会全程提供科学建议，最终经总统批准形成国家网络安全政策。

（二）执行层面

1. 俄罗斯联邦安全局

俄罗斯联邦安全局是联邦权力机关，负责领导安全机构实施国家安全保障工作。该局从事网络空间安全业务的部门主要有信息安全中心、特种通信与信息防护中心、国家计算机事件协调中心。

（1）信息安全中心

该中心隶属于俄联邦安全局反间谍局，其前身是反间谍局计算机与信息安全处，通常也被称为俄罗斯联邦安全局第 18 中心。信息安全中心的职能主要包括三个方面：①打击网络犯罪，如网络诈骗、金融黑客、非法传播个人信息；②保护国家网络选举系统，如保障俄罗斯中央选举委员会通过受保护的通信网络传输选举投票信息；③实施互联网监控。信息安全中心主要使用"业务－侦察措施系统"实施互联网监控，该系统的发展已经历 COPM－1、COPM－2、COPM－3 三代。COPM－1 主要拦截固定电话信号和手机网络信号，COPM－2 主要监控国际互联网通信并追踪互联网用户信息，COPM－3 可以监控各种类型的通信系统，并能够长时间存储监控记录。

（2）特种通信与信息防护中心

该中心隶属于俄联邦安全局科技局，其前身是俄联邦政府通信与信息署通信安全总局。2003 年政府通信与信息署被撤销后，通信安全总局转隶至俄联邦安全局并更名为通信安全中心，即现在的特种通信与信息防护中心，通常也被称为俄联邦安全局第八中心。特种通信与信息防护中心主要负责密码管理、秘密设备管理、专用和加密通信网络安全管理等。

（3）国家计算机事件协调中心

2018 年 9 月，根据《俄罗斯联邦关键信息基础设施安全法》，俄罗斯联邦安全局组建了国家计算机事件协调中心。该中心是俄罗斯国家计算机攻击监测、预警和后果消除体系的关键部门。按照俄罗斯联邦安全局公布的《国家计算机事件协调中心条例》，国家计算机事件协调中心的具体职能包括以下几个方面：

第一，编制并更新国家计算机攻击监测、预警和后果消除体系主体责任范围内俄罗斯联邦信息资源的最新详细信息，评估俄罗斯联邦信息安全保障状况。

第二，判定计算机攻击的特征，确定攻击的源头和实施攻击的方式、方法及手段；组织和实施执法机关与其他拥有俄罗斯联邦信息资源的国家机关、通信运营商、网络服务提供商和其他相关组织的相互协作。

第三，研制计算机攻击监测、预警和后果消除的手段与方法；快速应对针对俄罗斯联邦信息资源的计算机攻击及其引起的计算机事件。

第四，识别、收集和分析有关软件、硬件漏洞的信息；收集和分析俄罗斯联邦计算机事件的信息，以及与俄罗斯联邦信息资源所有者相互协作的其他国家的信息系统和信息/电信网络中的计算机事件信息。

第五，检查俄罗斯联邦信息资源受保护情况，为俄罗斯联邦信息资源保护机构提供免遭计算机攻击的方法和建议。

第六，为国家计算机攻击监测、预警和后果消除体系创建及运行所需的人员培训和进修提供保障措施。

2. 俄罗斯联邦警卫局

俄罗斯联邦警卫局负责网络空间安全的业务部门是特种通信和信息化局，其主要职责包括以下几个方面❶：

第一，制定和执行信息化领域的国家政策，研究制定相关法律法规和标准规范，为俄罗斯信息化建设创造安全的环境并提供法律保障。

第二，统筹政府及相关部门特种/专用信息通信系统的规划、建设、改造、使用，提供信息技术/信息分析支持，为系统稳定、安全运行提供组织保障和技术支持。

第三，参与信息防护相关技术手段与工具的开发，编制相关技术方案；根据授权，组织实施信息加密工作；研发秘密获取信息的电子设备；为信息安全保障机构提供通信手段、专用设备、监视系统等信息技术设备与技术支持。

第四，创建、运营和维护互联网法律信息官方门户网站（www.pravo.gov.ru），并按照统一格式发布规范性法律文件，确保相关机构、组织和自然人能够通过网络平台获取信息。

第五，根据授权分配无线电频谱并对其使用情况实施监测；对国防、国家安全及涉及国家秘密的物理实体和数据库的建设、维护实施国家监督；参与实施分类保护场所的安全防护工作，防止通过技术渠道泄露信息。

第六，负责驻外机构（使、领馆）特种通信的组织及有效运行，提升相关机构的信息安全保障能力。

特种通信和信息化局在俄罗斯全境设有 10 个通信保障分队暨特种通信中心。特种通信中心编入军事建制，所属人员为合同役军人。10 个特种通信中心所在地及部队番号见表 5-1。

表 5-1　特种通信中心所在地及部队番号❷

驻地	部队番号
戈塔奇纳（г. Гатчкиа）	28677 部队
乌捷里纳扬（г. п. Удельная）	16660 部队
索契（г. Сочи）	69793 部队
哈巴罗夫斯克（г. Хабаровск）	35657 部队
赤塔（г. Чита）	28685 部队
乌兰乌德（г. Улан-Удэ）	57358 部队

---

❶ 由鲜举，江欣欣. 俄罗斯信息化建设的安全守护者——特种通信和信息化局［J］. 保密科学技术，2020（2）：62-65.

❷ 同❶。

驻地	部队番号
涅维诺梅斯克（г. Невинномысск）	68323 部队
巴尔纳乌勒（г. Барнаул）	68895 部队
雷宾斯克（г. Рыбннск）	77071 部队
乌苏里斯克（г. Уссурннск）	16662 部队

3. 俄罗斯联邦内务部

俄罗斯联邦内务部负责网络空间安全的机构主要有特种技术监督局与信息技术、通信和信息保护局。

特种技术监督局，即 K 局，是俄罗斯保障国家网络空间安全最重要的组织机构之一，其主要职责包括：①打击计算机信息犯罪，主要打击：非法访问受法律保护的计算机，创建、使用和非法传播恶意软件程序，计算机攻击和诈骗。②打击利用信息电信网络（包括互联网）危害未成年人健康和违反社会道德的违法犯罪活动。③打击特种技术装备非法交易犯罪。④打击利用信息电信网络（包括互联网）非法使用版权及版权相关权利犯罪。

信息技术、通信和信息保护局作为俄罗斯联邦内务部的独立分支机构，在其职权范围内制定和实施网络空间安全领域的国家政策，具体包括：①制定法律法规，对信息系统、自动化系统、通信系统、无线电和无线电工程控制领域实施监管；②实施信息对抗，应对信息窃密、电子战；③保障俄罗斯联邦内务部机关和所属机构的信息安全、信息维护、信息交互。

4. 俄罗斯联邦数字发展、通信和大众传媒部

俄罗斯联邦数字发展、通信和大众传媒部负责网络空间安全工作的部门主要有大众传媒许可局、大众传媒检查和监督局、通信许可局、通信检查和监督局、信息技术监督局、个人数据主体权利保护局及公共通信网络监测和管理中心等。这些职能部门在网络空间安全领域的职责主要有：①在通信领域实施国家检查和监督，主要是对电信网络设计、建设、改造和维护及通信设备实施检查和监督，对俄罗斯统一电信网络 IP 地址资源的使用实施检查和监督，对独立电信网络连接公共通信网络（国际互联网）的程序及条件进行检查和监督等。②业务注册

登记与管理，主要是对俄罗斯和在俄罗斯境内运营的外国网络运营商、网络媒体、数据运营商实施统一登记注册和管理。③根据《俄罗斯联邦个人数据法》《俄罗斯联邦大众传媒法》《俄罗斯联邦信息、信息技术和信息保护法》等法律法规对个人数据处理实施检查和监督。

5. 俄罗斯联邦国防部

俄罗斯联邦国防部技术与出口监管局成立于 2004 年 8 月，主要职责包括：①制定、执行保障关键信息基础设施安全的国家政策；②组织和实施俄罗斯联邦、联邦管区及地区层面的关键信息基础设施信息技术防护，防范其他国家、组织和个人实施的、旨在破坏和损害俄罗斯国家安全、国家利益的网络侦察与网络攻击活动；③制定、执行信息防护领域技术装备研制、生产与使用的国家科技政策；④出口管制。

6. 俄罗斯联邦武装力量总参谋部

俄罗斯联邦武装力量总参谋部是俄国防部的中央军事指挥机关、武装力量作战指挥机关。总参谋部中负责网络空间安全的职能部门有作战总局信息对抗局、情报总局和第八局等。其中，作战总局信息对抗局主要负责网络空间对抗的组织筹划、指挥管理；情报总局主要负责网络空间侦察活动；第八局主要负责国防部网络空间安全保障。

第二节　突出重点领域能力建设

重点领域能力建设是俄罗斯网络空间安全战略的一项重要内容。在网络空间安全战略的实施过程中，俄罗斯重点加强关键基础设施信息系统建设，全面提升网络空间作战能力。通过重点领域能力建设，维护俄罗斯在网络空间的国家利益，提升网络空间安全指数，确保网络空间安全战略顺利实施。

一、重点加强关键基础设施信息系统建设

关键基础设施是指对国家生存、发展起关键作用的支持保障体系及相关系统设施。关键基础设施，如电力、能源、交通、供水、农业、食品、公共卫生、应急服务设施、国防工业基地、信息与通信、金融系统、化学与其他危险品、邮政和海运等，关系国计民生，是世界各国安全保障的首要目标。随着关键基础设施运行、维护和管理的信息化程度不断提高，关键基础设施已经成为网络空间和现实空间融合的重要领域，网络空间的安全与稳定直接影响到关键基础设施的安全运行与稳定工作。

俄罗斯高度重视关键基础设施的信息系统，即关键信息基础设施的安全保障。进入 21 世纪后，随着信息化战略的颁布与实施，关键信息基础设施在俄罗斯国民经济和社会生活中发挥着越来越重要的作用，但与此同时，面临的威胁和存在的挑战也越来越大。关键信息基础设施遭受网络攻击的事件频繁发生，关键信息基础设施安全对国家安全的影响日益显现，保护关键信息基础设施安全逐渐成了俄罗斯国家安全战略的重要内容乃至核心内容。

（一）出台关键信息基础设施保障政策和法律法规

为指导关键信息基础设施安全建设，确保关键信息基础设施安全稳定运行，俄罗斯从综合战略到专项政策，构建了持续连贯、不断丰富的保障措施政策体系。

在综合战略方面，2000 年出台的《俄罗斯联邦信息安全学说》作为俄罗斯网络空间安全领域的第一部战略性指导文件，明确提出了保障俄罗斯联邦国家权力机关、联邦主体权力机关、金融和银行领域、经济活动领域的基本通信网络和信息系统安全。2016 年出台的《俄罗斯联邦信息安全学说》进一步提出，"无论在平时还是在战时，在遭到直接侵略威胁时，要保障信息基础设施稳定和连续运行，首先是保障俄罗斯联邦的关键信息基础设施安全和俄罗斯联邦电信网络安全。""提高关键信息基础设施的防御能力和运行稳定性，发展预警机制、威胁通报机制、消除影响机制，提高公民和国家防御能力。"

在专项政策方面，2012 年 2 月，时任俄罗斯联邦总统德米特里·梅德韦杰

夫（Дмитрий Медведев）签署《俄罗斯联邦关键基础设施重要目标生产和工艺过程自动化管理系统安全保障领域国家政策主要方向》。该文件首先对关键基础设施自动化控制系统进行了界定："关键基础设施自动化控制系统是指关键基础设施重要目标自动化管理系统和确保它们相互作用的信息/电信网络的总和，这些网络旨在保障关键基础设施的运行、维护和管理，其功能的中断/终止可能导致严重后果。"❶ 在对俄罗斯联邦国家关键基础设施自动化控制系统安全现状进行评估的基础上，文件强调要加强关键基础设施自动化控制系统的监管和网络攻击检测，通过细化相关部门职责分工，建立统一的国家级网络攻击预警系统，实现关键基础设施自动化控制系统国产化，提高相关保障人员的安全技能和职业素养，开展信息安全保障领域的国际合作。

2018 年 1 月，《俄罗斯联邦关键信息基础设施安全法》生效（部分条款例外）。该法阐明了俄罗斯总统、俄联邦政府及联邦权力执行机构在保障关键信息基础设施安全中的权力和责任，界定了关键信息基础设施主体的责任和义务，并依据社会意义、政治意义、经济意义、生态意义及对国防、国家安全和法律秩序的意义把关键信息基础设施分为三个等级，从三级到一级，重要程度依次增加。《俄罗斯联邦关键信息基础设施安全法》还确立了关键信息基础设施注册登记制度、安全评估制度和国家监管制度，提出了关键信息基础设施重要客体安全系统的主要任务、保障要求，明确了未来俄罗斯关键信息基础设施建设和保护的优先方向、主要任务。俄总统普京认为，"该法的颁布与实施标志着俄罗斯为保障国家主权，保护政治、经济、社会和公共管理安全，在法律制度建设领域迈出了实质性的一步。"

2018 年 2 月，俄政府通过决议《关于批准俄罗斯联邦关键信息基础设施目标分类规则和重要性标准指标清单及其意义的政府法令》。该决议作为《俄罗斯联邦关键信息基础设施安全法》的附属文件，由俄联邦总理梅德韦杰夫签署批准。决议阐明了俄联邦关键信息基础设施客体重要性等级划分工作的主要内容，其中包括等级划分过程中所需要的资料、等级划分委员会的组成成员及工作流

---

❶ Основные направления государственной политики в области обеспечения безопасности автоматизированных систем управления производственными и технологическими процессами критически важных объектов инфраструктуры Российской Федерации［EB/OL］.（2012 - 02 - 03）［2020 - 12 - 18］. http://www.scrf.gov.ru/security/information/document113/.

程、结论等内容的提交程序及时限规定。决议还详细规定了关键信息基础设施客体重要性标准参数及划分的参数值，根据关键信息基础设施客体的具体种类及参数值可确定相应的重要性等级。

俄罗斯在关键信息基础设施安全保障方面的规章制度还有联邦技术与出口监管局于 2017 年 12 月发布的《关于批准俄罗斯联邦关键信息基础设施重要目标安全保障要求命令》。此外，与《俄罗斯联邦关键信息基础设施安全法》相适应，2017 年俄国家杜马通过第 194 号法令，对《俄罗斯联邦刑法典》第 274 章进行修订。修正案指出，对关键信息基础设施实施计算机攻击，影响关键信息基础设施安全稳定运行，最高判处 10 年监禁。

（二）依托国家计算机攻击监测、预警和后果消除系统，强化关键信息基础设施安全保障

相比其他国家，俄罗斯在关键信息基础设施安全保障方面不仅采取了诸如立法保障等措施，还着手建设了旨在保护俄联邦关键信息基础设施和其他信息资源安全的国家计算机攻击监测、预警和后果消除系统（Государственная система обнаружения, предупреждения и ликвидации последствий компьютерных атак）。国家计算机攻击监测、预警和后果消除系统构建了新的网络空间安全应急响应模式，极大地提升了俄罗斯关键信息基础设施整体安全水平，对于俄罗斯维护网络空间国家利益、保障关键信息基础设施安全具有重要的意义。

2012 年 2 月，俄罗斯颁布《俄罗斯联邦关键基础设施重要目标生产和工艺过程自动化管理系统安全保障领域国家政策主要方向》，首次提出建设国家计算机攻击关键信息基础设施监测和预警系统（государственная система обнаружения и предупреждения компьютерных атак на критическую информационную инфраструктуру）。2013 年 1 月，俄总统签署《关于创建国家计算机攻击监测、预警和后果消除系统总统令》，正式拉开了国家计算机攻击监测、预警和后果消除系统建设的帷幕。2014 年 12 月，俄总统批准了《计算机攻击俄罗斯联邦信息资源国家监测、预警和后果消除系统构想》。构想详细规定了国家计算机攻击监测、预警和后果消除系统的任务、职责、组成，以及创建该系统的人员、科技和法律法规保障等。

根据《俄罗斯联邦关键信息基础设施安全法》和《计算机攻击俄罗斯联邦

信息资源国家监测、预警和后果消除系统构想》，国家计算机攻击监测、预警和后果消除系统的任务是保障俄联邦关键基础设施信息系统和其他信息资源的安全。国家计算机攻击监测、预警和后果消除系统的基础组织单元是国家计算机攻击监测、预警和后果消除系统中心，中心主要分为五大类：总中心（国家计算机事件协调中心）、区域中心、地区中心、部门中心和企业中心。国家计算机攻击监测、预警和后果消除系统的建设过程也就是该系统各中心完成建设并连接系统的过程。这一过程包含三个阶段：第一阶段是形成关键信息基础设施目标清单；第二阶段是制定、实施技术保护措施；第三阶段是连接国家计算机攻击监测、预警和后果消除系统。

俄联邦关键信息基础设施实行清单制度。关键信息基础设施主体按照联邦技术与出口监管局的要求，依据关键信息基础设施重要性等级及其指标值，对所有、租赁或以其他合法方式拥有的关键信息基础设施客体进行定级，形成关键信息基础设施目录清单，然后在规定时间内，按规定的形式书面报送保障关键信息基础设施安全的联邦行政机关。关键信息基础设施安全保障联邦行政机关在收到材料的三十日内检查关键信息基础设施主体是否遵守关键信息基础设施定级制度，如果定级正确，则将该客体作为关键信息基础设施重要客体予以登记，并于十日内通知关键信息基础设施主体；如果定级错误或没有依据地不予定级，或关键信息基础设施主体提供的有关定级或者不予定级的结果信息不完整或不真实，则在收到呈递的信息后十日内以书面形式退回主体并注明理由。关键信息基础设施主体在收到驳回理由后十日内消除所指出的不足，并再次向关键信息基础设施安全保障联邦行政机关报送规定的信息。

俄联邦关键信息基础设施实行技术保障制度：①关键信息基础设施主体从保障关键信息基础设施安全的联邦行政机关获得保障关键信息基础设施客体安全的必要信息，包括客体可能面临的信息安全威胁、客体采用的软件、设备和技术漏洞的信息；②关键信息基础设施主体从保障关键信息基础设施安全的联邦行政机关获得预防计算机攻击的设备和方法；③关键信息基础设施主体在保障关键信息基础设施安全的联邦行政机关同意的情况下采购、租赁、安装和维护用于监测、预防和处置计算机攻击及应对计算机事故的设备，关键信息基础设施主体在为关键信息基础设施客体安装预防、监测和处置计算机攻击及应对计算机事故的设备时应符合设备的安装运行规定；④关键信息基础设施主体和保障关键信息基础设施安全的联邦行政机关共同研究、制定保障关键信息基础设施重要客体安全的措施，编写应对计算机攻击的方案，且每年至少组织一次演练。

俄联邦关键信息基础设施与国家计算机事件协调中心实行信息交流制度。通常情况下，信息交流每月不少于一次。当发生计算机安全事件时，关键信息基础设施主体从监测到计算机安全事件起，按照规定的程序，三个小时内向国家计算机事件协调中心通报计算机安全事件。如果关键信息基础设施主体属于银行和金融领域，则向俄罗斯联邦中央银行报告有关计算机安全事件的情况。国家计算机事件协调中心在收到计算机安全事件的报告后 24 小时内向其他中心通报相关信息。

根据俄联邦安全局特种通信与信息防护中心副主任伊戈尔·科恰林（Игорь Качалин）的消息，截至 2018 年 11 月，已有包括俄联邦能源部、俄联邦对外情报局、俄联邦工业贸易部、外交部、国防部、联邦总检察长办公室、联邦调查委员会、联邦国税局、联邦储蓄银行、俄罗斯国家原子能集团公司、俄罗斯国家航天集团公司等 18 个机构和组织创建了国家计算机攻击监测、预警和后果消除系统中心。另外，俄罗斯联邦内务部、联邦保卫局、联邦中央银行、卡巴斯基实验室、移动通信系统公司等 8 个机构、组织正在筹建国家计算机攻击监测、预警和后果消除系统中心。

从国家计算机攻击监测、预警、后果消除系统的建设效果来看，已建成的部门中心或企业中心已经在防御计算机攻击和应对计算机事件方面发挥了重要作用。以国家计算机攻击监测、预警和后果消除系统萨马拉中心为例，按照萨马拉州信息技术与通信局官员阿奇莫夫·马克西姆（Акимов Максим）公布的数据，该中心 2019 年共处理重大信息安全事件 69 万次，较大信息安全事件 23 万次，一般信息安全事件 33 万次。❶

关键信息基础设施安全是国家网络安全的重中之重，也是国家计算机攻击监测、预警和后果消除系统的核心任务。俄罗斯此前由于关键信息基础设施领域不同，信息化、网络化发展程度也不同，导致整体安全水平参差不齐。例如，金融领域由于网络攻击易造成直接、巨大的损失，所以网络安全意识、能力相对较

---

❶ АКИМОВ МАКСИМ. Ведомственный центр ГосСОПКА: Сложности построения и возможности развития［EB/OL］.［2021 – 08 – 14］. https://soc – forum. ibbank. ru/files/files/SOC2019/06%20Akimov. pdf.

高；而采矿、冶金等领域由于工控系统相对独立，其网络安全意识、能力往往较低。《俄罗斯联邦关键信息基础设施安全法》颁布后，关键信息基础设施主体作为法定的监测、预警、后果消除系统的主体，他们的权利、义务由联邦法规定，这就使得其防范计算机攻击、应对计算机安全事件从过去的"网络威胁倒逼网络安全建设"变成"法律法规引导网络安全发展"。同时，关键信息基础设施主体在监测、预警、后果消除系统的建设、运行过程中始终处在一系列总统令、政府令和部门规章制度、方法建议、信息通报的规范和引导下，从关键信息基础设施目标的清查核验到信息安全技术防护措施的运用，再到应对计算机攻击、计算机安全事件，始终坚持标准化、规范化、体系化原则，这就在很大程度上避免了出现安全短板的情况，从而在整体上提升了各领域关键信息基础设施安全水平。❶

二、全面提升网络空间作战能力

作为传统的军事强国和军事大国，俄罗斯十分重视网络空间作战（信息战）能力建设❷，特别是绍伊古出任国防部长以来，俄军在"新面貌"军事改革框架内积极推动信息战理论及相关机构、力量建设，大力研发网络空间作战武器装备，高度重视网络空间作战演习与训练，全面提升网络空间作战能力。

（一）注重网络空间作战理论研究

早在 20 世纪 90 年代初的新军事变革大讨论中，俄军就认识到信息技术对现代战争的重要性，开始探讨信息作战理论。海湾战争爆发后，俄军事理论界对战争的认识发生了重大转变，认为信息技术可与大规模杀伤性武器相提并论，信息系统与精确制导武器和非军事手段相结合，使破坏国家指挥体系、摧毁重要战略设施及军队集群、影响民众心理成为可能，未来军事冲突的领域将涉及陆海空天网等多个维度，打击系统的对抗将发展为信息系统的对抗，军备竞赛将延伸到

---

❶ АКИМОВ МАКСИМ. Ведомственный центр ГосСОПКА: Сложности построения и возможности развития［EB/OL］.［2021–08–14］. https://soc-forum. ibbank. ru/files/files/SOC2019/06%20Akimov. pdf.

❷ 在概念界定上，俄军始终强调从信息空间的视角认识网络空间作战。从早期对信息战的研究，到近年来对网络空间作战的关注及各类国标、军标文件的颁布，俄网络空间作战理论始终在信息对抗理论的框架内发展，认为网络空间作战是信息技术影响的方式之一，属于国家和军队信息对抗的理论范畴。

"软件"领域。

俄军事理论家沙瓦耶夫在《国家安全新论》一书中进一步阐述了信息安全保障的重要意义，认为信息安全包括信息心理安全和信息技术安全。信息心理安全是个人心理（意识和神经系统）和社会意识（科学、精神文化、道德、意识形态、宗教、社会心理）的安全，信息技术安全是网络通信系统、军队指挥自动化系统、武器自动控制系统、服务技术系统（尤其是科研机构、设计局、军事院校、国防企业的计算机网络）的安全。❶

1999 年俄军事理论家斯利普琴科在《超越核战争》一书中提出第六代战争理论。第六代战争又称非接触战争，标志是使用远程高精度突击武器和防御武器、以新的物理原理制造的武器、电子战兵力和兵器，主要目的是摧毁敌方经济目标。斯利普琴科关于第六代战争的论断得到了世界军事理论界的广泛认同，并被不少官方军事文献所吸纳。按照第六代战争理论中的非接触性论断，俄军事理论界将网络空间作战归类到第六代战争中，认为网络空间作战是第六代战争的一种表现形式。

进入 21 世纪后，俄学术界有关信息战、网络战的研究空前活跃，理论研究文章层出不穷。2004 年 7 月 13 日，俄政府在莫斯科国立大学组建政府智囊型专业研究机构——信息安全问题研究所，其主要任务是研究网络和信息安全问题。莫斯科国立大学校长维克多·萨多夫尼奇（B. Садовнич）院士亲自挂帅，领导100 多位不同研究方向的人才，探讨网络和信息安全理论与技术问题。其多项研究成果被俄联邦安全委员会等部门采纳。莫斯科国立大学信息安全问题研究所的成立标志着俄罗斯网络和信息安全理论研究迈上了新台阶。

2009 年 8 月，俄国防部出台新版《俄罗斯联邦武装力量信息对抗教令》，主要内容为：一是明确俄军信息对抗的概念、原则和目的。教令界定了信息对抗、信息目标等概念的定义和范畴，制定了主动性、针对性、及时性、连续性、多样性、超前性和隐蔽性七项信息对抗原则，以及要达到的主要目的。二是规定俄军信息对抗的分类、技术方法和要求。在国家层面上将信息对抗划分为信息战争和联合信息作战两种形式，从技术方法上划分为主动信息对抗和被动信息对抗。三是确立俄军信息对抗的组织指挥、任务分工、作战样式。明确了国防部、总参谋

---

❶ 沙瓦耶夫. 国家安全新论［M］. 魏世举，石陆原，译. 北京：军事谊文出版社，2002.

部、军区军兵种各级领导职责、作战任务和行动方式，提出了联合信息作战、信息作战专项任务、信息作战专项行动三种作战样式。四是阐明俄军和平时期、军事威胁升级时期、战争时期实施信息对抗的具体做法。和平时期，网络空间作战以为武装力量行动提供信息保障为目的，主要行动包括武装力量日常活动、实施战略遏制及特种作战。威胁升级时期，网络空间作战以夺取对敌信息优势、确保己方信息安全为目的，主要行动包括干扰、破坏敌方交通、运输、金融等关键基础设施的自动化管理系统，以及与互联网连接的后勤保障指挥自动化系统，并保护己方信息系统的安全。战时，网络空间作战除保持对敌信息优势和保护己方信息安全外，更加重视网络攻击，主要行动包括利用病毒、源代码控制等作战武器侵入敌信息系统，进行信息删除、复制，下载和破解加密信息，破坏其网络防护系统等。

《俄罗斯联邦武装力量信息对抗教令》规定，信息对抗包括信息影响、信息心理影响和信息技术影响三种方式。其中，网络空间作战是信息技术影响的组成部分，包括网络攻击和网络防御。网络攻击是通过突破计算机网络和自动化控制系统破坏信息处理设备的运行，进而获取、破坏或篡改信息的行为。网络防御是防止或弱化敌对网络攻击并有效恢复其影响的方法和行动的集合。网络攻击的方法包括致瘫、过载、感染，网络防御的方法包括动态管理、认证、隔离等。网络攻击可以划分为网络侦察型、干扰致瘫型、大规模摧毁破坏型三个类别。黑客入侵窃密为第一类，属于间谍或犯罪行为；大规模分布式拒绝服务攻击属于第二类，是辅助常规军事、政治斗争的一种新型作战样式；能够对关键基础设施造成严重物理性破坏的为第三类，属于战争行为。

2011 年俄罗斯出台指导俄军信息空间建设的战略性文件《俄罗斯联邦武装力量信息空间活动构想》，确立了俄军应对网络空间国际冲突的指导思想是"遏制、预防和阻止"：平时，加强网络空间兵力兵器建设，遏制冲突，时刻准备应对网络空间威胁；冲突发生后，采取措施遏制冲突升级；冲突加剧时，依法采取自卫行动，并积极引导舆论向有利于俄罗斯的方向发展。具体讲来，预防网络空间冲突的主要途径是：发展俄武装力量信息安全保障系统，时刻做好应对网络空间军事、政治威胁的准备；采取一切可能措施，尽早发现网络空间的潜在军事冲突，揭露冲突的煽动者、组织者和同谋者。阻止网络空间冲突的主要途径是：谈判、调解、诉诸联合国安理会或其他地区性机构，以和平方式解决冲突；在紧张局势加剧时，采取措施防止冲突发展为极端破坏性的对抗方式；在网络冲突升级并恶化的情况下，行使单独或集体自卫权；冲突期间，定期向国内外媒体通报相关形势，利用社会舆论有效阻止冲突升级，巩固所取得的成果。

（二）发展网络空间作战力量

俄罗斯网络空间作战力量主要由俄联邦安全局、内务部和武装力量三大系统的网络安全力量构成。

俄军网络空间作战力量主要包括总参作战总局信息对抗中心、总参情报总局、总参电子对抗总局、总参密码与通信安全总局、总参军事科学委员会及国防部所属部分科研院所。俄军网络空间作战力量遂行的任务主要包括：保护俄联邦军事和民用关键基础设施免遭网络攻击和网络窃密；保护俄联邦军人和平民免遭信息－心理战影响；对敌人的军事和民用关键基础设施实施网络攻击、网络窃密及实施信息－心理战。其中，总参作战总局信息对抗中心负责全军的信息对抗，包括网络攻防的总体规划、方案的制订及信息战力量与其他作战力量的协同。总参情报总局是俄军网络空间作战的主力军，主要负责对对象国军事目标、关键基础设施信息系统及政治、外交、科技等重要网络信息系统开展网络侦察、网络攻击和网络窃密，实施信息－心理战。总参电子对抗总局主要负责对敌方指挥控制系统、探测预警系统、空间网络信息系统实施电子压制和打击。总参军事科学委员会负责网络空间作战理论研究。俄各军兵种总司令部、司令部、军区（联合战略司令部）也组建了相应的网络空间作战部队，负责组织所属部队遂行网络空间作战任务，同时参加总参谋部组织的网络空间作战行动和侦察行动。

2017 年 2 月，俄国防部长绍伊古公开对外宣布，俄已组建信息作战部队，该部队将整合俄武装力量、内务部和安全部门的相关人员，并借助外部专家的力量，共同遂行作战任务。尽管目前俄官员对该部队的职责鲜有谈及，但通过零星报道可以看出，该部队不仅具备网络防御能力，还将具备电子对抗、信息对抗等能力，即同时承担电子战、网络战、信息－舆论战、信息－心理战等多重职能。

俄联邦安全局网络空间力量负责俄国家网络防御体系的建设、组织、运营维护，以及对外国政治、经济、外交、安全领域的重要目标开展网络侦察、网络窃密。俄内务部网络空间作战力量即内务部 K 局也是俄罗斯打击网络犯罪、保障国内网络空间安全的重要力量。

值得一提的是，近年来，俄罗斯黑客组织，如 APT28（Fancy Bear）、APT29（Cozy Bear）、"沙虫"（Sandworm）、"月光迷宫"（Moonlight Maze）等，作为一支特殊的网络空间作战力量，在维护俄网络空间国家利益、实现网络空间战略目标的过程中发挥着重要的作用。这些黑客组织入侵目标网络和数据库，窃取内部消息，渲染、传播政府立场、观点、主流价值观念，或者利用媒体引导、影响关于特定主题和人物的舆论。例如，2016 年黑客组织 APT28、APT29 侵入美国民主党全国委员会邮件服务器，获取大量内部邮件，并在维基网站上公布了希拉里任内使用私人邮件处理公务，以及民主党全国委员会主席黛比·舒尔茨暗中干预党内初选，支持希拉里、打击竞选对手的情况，直接导致舒尔茨辞职，同时成为希拉里第二次竞选总统失败的重要原因之一。又如，同年 9 月，由于不满国际奥委会因服用违禁药品禁止部分俄罗斯运动员参加里约热内卢夏季奥运会，黑客组织 APT28 侵入世界反兴奋剂机构的运行管理数据库和体育仲裁庭内部网络，窃取大量数据，并将服用违禁药品的美国运动员被允许参赛的情况公布到网上。此举揭露了世界反兴奋剂机构在运动员服用药物标准上采取双重标准，在美国的幕后主导下打压俄罗斯及其他国家运动员的恶劣行径，引发世界各国的强烈不满。这些黑客组织漏洞挖掘和利用水平高，在攻击过程中所运用的远程命令控制技术、信息隐藏技术、加密技术、防查杀技术和模块化技术非常先进，常规的网络安全防护系统无法有效防御。

（三）研发网络空间作战武器装备

在网络攻击方面，俄军对网络空间武器装备重要性的认识具有一定的超前性。俄军网络攻击武器主要包括硬摧毁武器和软杀伤武器，其中软杀伤武器的研发重点是各类计算机病毒、可发动分布式拒绝服务的僵尸网络、各种恶意软件等。在 2017 年针对爱沙尼亚的大规模网络攻击中，俄罗斯利用分布在美国、越南、埃及等国家的不同僵尸网络对爱沙尼亚发动了分布式拒绝服务攻击。在发起攻击前，俄罗斯黑客利用木马病毒控制数量庞大的"傀儡机"组成僵尸网络，然后操纵这些"傀儡机"向目标发起进攻，受攻击目标因服务器不堪重负而瘫痪。俄军还重点研究对敌方指挥控制网络和信息武器系统实施主动性网络攻击的方法，通过入侵数据库、使用攻击软件和超高频电磁脉冲武器等进行攻击，破坏敌方网络线路的通畅，获取、复制、隐藏信息，使信息失真，以影响、削弱和摧毁敌指挥控制能力。俄乌冲突期间,俄瘫痪美军"宙斯盾"号导弹防御系统,体现了其高超的网电攻击能力。为应对乌克兰危机,声援乌克兰,震慑俄罗斯,2014 年 4 月,美国向黑海派遣了阿利·伯克级导弹驱逐舰"唐纳德·库克"号,该舰装备有"战斧"巡航导弹和"宙斯盾"导弹防御系统。4 月 10 日,俄罗斯装载有"希比内"(Khibiny)电子战系统的 Su – 24 战机抵近"唐纳德·库克"号进行环绕飞行,"宙斯盾"系统瞬间失灵,雷达黑屏,导弹无法获取目标指示。美媒推测,针对美军 AN/SPY – 1D 雷达,俄军可能采取了假目标(直接从雷达主瓣注入)或者多方位饱和干扰等手段,致使雷达黑屏。针对通信系统,俄军可能对驱逐舰上的各类通信天线入口实施了通信欺骗或恶意代码注入,致使"宙斯盾"系统 90 分钟内无法恢复。

俄军一方面积极发展用于攻击作战的网络空间作战武器装备,另一方面大力研制能够击节破网的反制武器,如能破坏敌方卫星系统的反卫星武器、能消灭敌方预警机的防空导弹系统、能攻击敌方指挥控制系统的计算机病毒、激光武器、等离子武器、微波武器、次声波、超高频、非相干光源武器等。这些高性能的武器可以从根本上打掉敌方的网络节点和网络通信基础构件,以硬毁伤的方式反制敌方的网络攻击。

在网络防御方面,俄军正组织力量开发专用操作系统、编程语言、网络防火墙和防病毒软件,大力研究和推广唯一身份识别技术、数字签名技术、信息完整性校验监测技术、信息加密保护技术、密钥管理技术、电子信息系统、电磁信息泄露防护技术等高新信息技术的应用。"蛛网"系统是俄联合仪表制造集团研发的大规模的网络攻击探测和预警软硬件综合体,该系统能够反映国家关键信息基础设施的防护状态、网络攻击水平、网络攻击行为的主客体,在传输速率达 10GBit/s 的信道内分析网络信息量,发现网络攻击,对网络攻击信息进行过滤筛选,对自动筛选信息进行可视化显示,对传感器进行远程控制,并进行相应升级。

(四)构建多层次复合式网络指挥体系

俄军建有较为完备的多层次复合式网络指挥系统,能够实现信息的无缝化流动,在信息对抗或网络空间作战的关键环节上占有明显优势。为适应未来战争的需要,俄军加快了信息网络系统建设,并按照统一的标准对各军兵种的信息网络进行了规划,建立了各军兵种间的网络通信系统,为其配备了统一的软件。以信息网络为中心，俄军按照先局部后整体的原则加快了自动化网络指挥系统的建设步伐。目前，俄军已完成战略自动化网络指挥系统和战役战术自动化网络指挥系统的联网，改变了长期以来各军兵种各自为战的被动局面。这些自动化网络指挥系统的建成使信息无缝隙地流动，实现了信息与火力的有效结合，起到了力量倍增器的作用。

（五）开展网络空间作战演习与训练

为检验网络空间武器装备作战效能、作战人员技能素养，俄军建立了网络空间作战实兵、实装检验论证制度，通过在实验室进行模拟仿真对抗、举行网络空间作战演习、进行实兵对抗演练等途径增强网络空间作战能力。

1）在大规模军事演习中增加网络空间作战科目。例如，在"西方－2017""东方－2018"战略战役性演习中设置网络战科目，演练信息侦察与反侦察、网络攻击与反攻击、利用自动化网络指挥系统实施作战等。

2）组织网络空间专项攻防演练。演练内容涵盖俄军事指挥控制系统、空间网络信息系统网络攻击与反攻击、关键基础设施网络攻击与反攻击等。例如，2018 年 1 月 19 日，俄中部军区在"信息安全保障日"活动框架内组织网络安全防护演习。期间黑客使用病毒软件攻击军区信息系统，俄信息安全部队严密监控和过滤网络出入信息，确保信息传输通道安全畅通。随着俄罗斯网络空间演习训练的常态化、机制化，信息对抗已由各类演习演训的辅助内容演变为独立的检验科目。

3）举行断网演习，检验俄罗斯互联网的独立性、稳定性。2019 年 12 月，俄罗斯举行第二次国家级断网演习，演练俄互联网、通信网、电力基础设施等在断开与国际互联网主根服务器连接情况下运行的稳定性。演习结果表明，俄境内互联网基础设施在无法访问全球主根服务器的情况下仍旧运转正常。

通过演习演训，俄军完善了国家网络事件应急响应预案，建立了军民融合的常态化联合应对网络攻击机制，培养造就了一批高素质的网络任务遂行部队，为保护俄罗斯关键信息基础设施、国防部信息网络系统的安全提供了有力支持。

第三节 加强战略实施保障体系建设

"网络安全因信息技术属性而离不开技术研发与应用，因网络风险边界日益模糊而离不开国际合作，因虚拟空间和现实空间的快速融合而离不开网络意识和人才培养。"❶ 为顺利实施网络空间安全战略，俄罗斯从提高网络空间安全技术研发与应用能力、拓展网络空间国际合作和加强网络空间安全人才培养三方面提供保障支撑。

一、提高网络空间安全技术研发与应用能力

"网络空间安全是在信息通信技术的硬件、代码、数据、应用四个层面，围绕着信息的获取、传输、处理、利用四个核心功能，针对网络空间的设施、数据、用户、操作四个核心要素来采取安全措施。"❷ 因此，信息通信技术对于网络空间安全的意义不言而喻。在网络空间安全战略的实施过程中，俄罗斯高度重视信息通信技术创新与发展，政府出台信息通信技术产业发展战略，大力推进国产信息通信技术和产品的研发与应用，着力突破网络空间发展的前沿技术和具有国际竞争力的关键核心技术，为应对网络空间威胁与挑战、保障网络空间安全提供强有力的技术基础和支撑。

（一）高度重视信息通信技术创新与发展

俄罗斯高度重视信息通信技术的研发与应用，将信息通信技术创新与发展嵌入国家发展战略之中，如《2011—2020 年俄罗斯联邦国家信息社会发展纲要》（2010 年）、《2013—2020 年国家科技发展计划》（2012 年）、《2017—2030 年俄罗斯联邦信息社会发展战略》（2017 年）、《俄罗斯联邦军事学说》（2014 年）、《俄罗斯联邦科技发展战略》（2016 年）、《俄罗斯联邦数字经济国家规划》（2017 年），所有这些有关经济发展、科技进步、国家安全、国防建设、信息安全的战略规划，无一例外都设有专门条款甚至章节来阐述信息通信技术的发展需求，以期提升公众对信息通信技术研发的认知度和支持度，为战略的实施营造良好的政策环境和技术基础。

---

❶ 韩宁. 日本网络安全战略研究［M］. 北京：时事出版社，2018.
❷ 李利，韩伟红，梅阳阳，等. 当前网络空间安全技术发展现状及思考［J］. 信息技术与网络安全，2021，40（5）：33－38.

（二）出台信息通信技术产业发展战略

新一代信息技术产业的创新和发展是国民经济发展的重要引擎，信息技术产业与其他产业的加速融合为经济发展、社会进步、国家安全带来积极的推动作用。信息通信技术产业对国家的影响程度远远超过了其对行业的影响。俄罗斯先后发布《信息和通信技术产业发展纲要》（2010 年）、《信息技术产业发展路线图》（2013 年）、《2014—2020 年信息技术产业发展战略及 2025 年远景规划》（2013 年）、《信息安全领域科技发展方向》（2017 年）等文件，对本国信息通信技术与产业发展进行战略规划，确立信息技术产业的发展目标、发展方向和重点。

《信息技术产业发展路线图》在评析俄罗斯信息技术产业发展现状的基础上提出了 2013—2018 年俄信息技术产业的发展目标和重点任务。发展目标是：推动俄罗斯信息技术产业的发展，提升其能力与水平，在 2018 年实现 4500 亿卢布的产业规模，并创造 90 亿美元的出口，使俄罗斯的信息社会指数全球排名提升至第 15 位。重点任务是：提高信息技术专业人才培养水平，完善信息技术产业发展环境，加强信息技术研发，改善信息基础设施，推动信息技术领域国际合作。

《2014—2020 年信息技术产业发展战略及 2025 年远景规划》首先分析了 2000 年以来俄罗斯国内信息技术产业的发展现状和限制俄罗斯信息技术产业发展的因素，在此基础上重点阐明了未来 20 年俄罗斯信息技术产业的发展重点，如完善信息技术产业发展的机制、加强国际合作和扩大出口、支持小企业发展、打造信息技术行业具有国际竞争力的领导企业等。《2014—2020 年信息技术产业发展战略及 2025 年远景规划》还提出了俄罗斯信息技术发展的短期和长期研发项目：短期内要在超级计算、云计算、数据阵列处理和新数据存储等领域取得突破，在未来 10 ~ 15 年内要把大数据处理、量子通信和人机交互等技术作为优先研究项目。❶

在 2016 年出台的《俄罗斯联邦信息安全学说》中，俄政府明确提出，为保障俄罗斯信息空间安全，在科技和产业发展领域要重点做好以下工作：一是要大

---

❶ Стратегия развития отрасли информационных технологий в Российской Федерации на 2014–2020 годы и на перспективу до 2025 года ［EB/OL］. （2013–11–01）［2020–04–15］. http://digital. gov. ru/common/upload/Strategiyarazvitiya_otrasli_IT_2014–2020_2025. pdf.

力发展信息领域的科技潜力，努力将信息技术和电子工业发展成为创新型的行业；二是要加快研制和广泛应用具有世界一流水平的国产信息防护技术、产品和服务，实现信息技术的自主可控，并建立稳定的技术体系；三是要创造有利条件，提升俄罗斯信息通信技术企业的竞争力；四是要发展国产电子元器件并提升其制造工艺水平，在保障国内市场需求的同时打入国际市场；五是要针对具有发展潜力的信息技术和信息安全保障产品开展科学研究和试验性开发。

2017年8月，俄联邦安全委员会秘书签署了《俄罗斯联邦信息安全领域科学研究主要方向》。文件指出，未来俄罗斯信息安全领域的科学研究工作将主要集中在以下四个方向。

方向一：基础性的科学研究。主要包括：一般性问题研究，如信息空间、网络空间、网络安全的概念研究；信息安全领域的法律法规和技术标准问题研究；网络空间领域意识形态安全问题的研究。

方向二：有关国家安全的科学研究。主要包括：保障信息处理、信息传输和信息载体安全的基础性和关键性技术研究；利用信息通信技术进行侦察、开展调查的相关研究；新兴前沿热点技术的研究。

方向三：有关人才保障的科学研究。主要包括：信息安全领域人才保障和专业人才培养的相关研究，如研究制定专业人才培养国家政策、对信息安全领域的人才需求进行预测、利用现代化教育手段培养更多的专业人才等；信息安全领域人才培养体系的构建与法律保障问题研究，如完善人才培养政策、建立统一的人才培养体系、出台人才培养法律法规等；为培养信息安全领域不同层次人才提供资源和技术保障的研究，如研究开发并推广使用一系列教学和训练设施、设备（包括靶场）等。

方向四：有助于建立全球信息安全体系的研究。主要包括：降低利用信息通信技术干涉国家主权、侵犯国家领土和对国际和平、安全与战略稳定构成威胁的敌对行动的风险；建立信息武器不扩散国际法制度体系的研究；建立国际网络空间信任措施的相关研究；利用信息武器威慑和防止国家间冲突的国际法制度研究；确保各国平等地参与互联网安全治理和可持续发展，以及平衡和缩小发达国家与发展中国家间信息不平等问题的研究；就预防和打击网络犯罪开展国际合作的研究；利用信息通信技术打击恐怖主义，抵制利用全球信息基础设施开展极端主义活动的研究等。

（三）支持国产信息通信技术和产品的研发与应用

长期以来，俄信息安全技术水平落后于西方发达国家，对外国的技术和产品依赖程度较高。进入 21 世纪后，俄落实国家信息安全学说的战略部署，将发展富有竞争力的国产信息通信技术视为网络空间安全建设的重要一环，要求逐步打破跨国公司对国内信息通信技术市场的垄断，建立自主可控的网络空间安全技术体系。

1. 确立信息通信技术自主可控的发展思路，并将其贯穿到各项战略规划中

普京总统多次公开表示，俄罗斯的强大和俄军的现代化必须依靠本国的军工企业和科技基础。只有夯实技术基础，拥有独立的技术体系和自主研发能力，保持技术上的独立性并拥有竞争力，才能把握产业发展的主动权，实现产业的安全与发展。在这一思想的指导下，俄罗斯确立了信息通信技术自主可控的研发思路，并将其贯穿到各项战略规划中，如《2014—2020 年信息技术产业发展战略及 2025 年远景规划》《信息安全领域科技发展方向》《俄罗斯联邦信息安全领域科学研究主要方向》等信息安全领域的政策、规划无不强调要重点发展国产的信息化设备和通信产品。《2017—2030 年俄罗斯联邦信息社会发展战略》提出，为实现信息社会建设的各项目标，俄罗斯必须促进本国信息通信技术的开发，加强对本国信息通信技术领域专业人才的培养。2016 年颁布的《俄罗斯联邦信息安全学说》也指出，部分国家和组织攻击俄罗斯关键信息基础设施的活动日益猖獗，货币、金融和资本市场计算机犯罪日益增多，利用信息技术、信息系统和通信网络侵犯个人和家庭隐私、违反个人数据保护法律法规的事件不断增长，突显了俄罗斯现有信息技术能力的不足，这已经成为影响俄罗斯信息安全保障的主要消极因素。为此，有必要加快发展本国信息通信技术和相关产业，研制和生产有竞争力的信息安全保障设备，加大对信息安全保障领域的扶持力度，提升本国信息安全产业的规模和质量。

2. 自主研发操作系统、应用软件、关键行业信息系统

（1）研发操作系统

1999 年，全俄非工业领域自动化控制科研所根据俄国防部的订货，在 Linus

系统基础上开发出了第一个军用操作系统 MCBC，目前已经升级至 MCBC 6.0 版本，并在俄全军推广使用。俄罗斯自主研发的操作系统还有 Astra Linux，该系统由 RusBITex 软件公司开发。Astra Linux 具有自己的图形界面，和俄罗斯自主研发的国产处理器，如"厄尔布鲁士""贝加尔湖""师长"等配合良好。极光操作系统（Aurora）是俄罗斯独立开发的移动操作系统，由于其私密性高、安全性强，被俄政府和国有企业广泛使用。2014 年 7 月，《俄罗斯报》报道，俄推出了一款名为 RuPad 的平板电脑。该款平板电脑由俄罗斯经济、信息技术和操作系统中央科研中心研发，采用本国操作系统，分为军用和民用两个版本。军用版本配有抗振外壳，可保护电脑从两米高的地方安全落地，防尘防水。该款平板电脑还设有一个特殊的保护按键，能够帮助使用者及时切断麦克风、摄像头、GPS、蓝牙、Wi-Fi 等模块传递的信号。此外，该款电脑对传出的所有信息都进行了加密，并对收取的信息解密。目前，俄罗斯国防部、内务部和联邦安全局等部门已开始试用。❶

（2）研发国产杀毒软件

俄自主研发的卡巴斯基和大蜘蛛防病毒软件被 80% 以上的军政部门广泛使用。其中，卡巴斯基杀毒软件具有超强的中心管理和杀毒能力，查杀病毒的性能远高于同类产品；大蜘蛛杀毒软件以俄国家科学院为后盾，不以商业开发为主，是真正的技术型软件，杀毒能力世界领先。

（3）研发专用数据库

20 世纪 90 年代末，俄罗斯 Релэкс 科学生产公司自主研发了"剥绒机 – BC"多平台数据库管理系统，目前推出的 6.1 和 6.2 升级版本已获得俄国防部信息保护许可证并在全军部队内推广使用。新版本充分兼容 MCBC 操作系统，具有强大的交互功能，安全性能突出，能有效防止非法访问并提供信息保护。

（4）研发监视过滤软件

俄自主研发的 Filemon 监视软件和 OUTPOST 防火墙等已在俄军政部门广泛使用。单机用户必须安装 Filemon 文件系统，以监控计算机数据流量和网络异常等重要情况，重要网络还要安装 OUTPOST 防火墙，以对信息进行过滤，捕捉有害程序。

---

❶ 赵嫣. 俄罗斯推出"超级平板电脑"，系统自主研发 [EB/OL]. (2014 – 07 – 09) [2020 – 07 – 01].
https://www.ithome.com/html/digi/93358.htm.

3. 给予国内信息安全产业政策扶持

2016 年发布的《俄罗斯联邦信息安全学说》指出，"国家给予信息安全产业的政策扶持力度不够"是导致俄罗斯部分电子设备、软件、信息处理技术和通信设备受制于人，富有竞争力的信息安全技术和产品供应不足的重要原因之一。为了改变这一状况，顺利实现信息安全技术产业发展目标，俄罗斯通过政府采购、资金支持、税收优惠等手段推动提升国内信息安全产业的发展规模与质量，提高其能力与水平。

（1）政府采购

2014 年 6 月，俄罗斯工业和贸易部宣布，未来该国的政府机构和国有企业将不再采购以 Intel 或 AMD 为处理器的计算机，而将采用俄罗斯本国生产的基于"贝加尔湖"（Baikal）处理器的计算机。同时，使用 Baikal 处理器的计算机也不再安装微软的 Windows 系统或苹果的 Mac 操作系统，而是安装俄罗斯专门开发的 Linux 操作系统。普京总统表示，在实施政府采购时，俄罗斯国产软件产品定价可高于外国产品 15%。2016 年 5 月，俄罗斯通过 2016—2018 年民用微电子产品中期政府采购计划。俄政府计划采购超过 1000 万件国产化电子产品，采购总金额达到 750 亿卢布。❶

2015 年 6 月，普京总统又签署了数个限制公共机构采购外国软件的修正案，要求公共机构只能购买国产软件（由俄罗斯企业、组织等控股 50% 以上的企业开发的软件），只有在没有国产软件替代的情况下才可购买外国软件。限制购买外国软件的措施逐渐降低了外国网络设备和信息技术在俄罗斯关键部门的市场份额，这为生产和使用本国的网络安全设备提供了条件，有利于预防来自国外的网络风险。2016 年 9 月，俄罗斯政府督促莫斯科市政厅采购、安装电邮系统 My Office Mail，取代微软的系统 Exchange Server 和 Outlook，同时替换了城市监控摄像头和其他设备中使用的美国思科公司的系统❷。

（2）资金支持

近年来，尽管俄罗斯的财政状况可谓捉襟见肘，但依旧给予了信息通信技术

---

❶ 秦安. 俄军为何弃用 Windows 操作系统［N］. 中国青年报，2018 – 03 – 29（12）.

❷ 谭燃. 俄总理签署法案：禁止政府机构购买外国软件［EB/OL］.（2015 – 11 – 20）［2019 – 05 – 03］. https://tech. qq. com/a/20151120/052295. htm.

产业强有力的资金支持。2011—2020 年，俄罗斯共投入了 1000 多亿卢布用于改善信息基础设施、研发信息通信技术、扶持国产信息通信技术产业、培养信息技术人才等。2019 年 2 月，俄罗斯联邦政府根据《2024 年前俄联邦国家发展目标与战略任务》制定新版《俄联邦数字经济国家规划》，规划下设六个联邦项目，即数字环境监管、信息基础设施、数字经济人力资源、信息安全、数字技术和数字化国家管理，总投入为 1.6349 万亿卢布，其中信息安全项目投入占比为 1.9%，数字技术投入占为 27.6%。❶

（3）税收优惠

2010 年 10 月，俄罗斯通过一项对信息技术产业实施税收优惠政策的法令。法令规定，从事软件研发的公司所缴纳的退休金、医疗保险和社会保险的费率由 34% 降到 14%。2013—2015 年，俄罗斯为信息技术企业提供的保险缴纳优惠金额达到了 40 亿～ 50 亿卢布。

（四）注重新一代信息通信技术的开发与运用

在人工智能方面，2007—2017 年，俄罗斯总共支持了 1386 个人工智能科研项目，其中 1229 个是在联邦专项计划框架下或由各种基金出资支持的政府项目，总计 230 亿卢布的国家财政资金流向交通、国防与安全等政府部门❷。为进一步推动人工智能技术的研发与应用，2019 年 10 月俄罗斯发布《2030 年前国家人工智能发展战略》，并在联邦数字发展委员会下成立了人工智能分委员会，指导人工智能发展战略的实施。俄罗斯还成立了由国内大型企业组成的"俄罗斯人工智能联盟"，其成员包括俄罗斯储蓄银行、俄罗斯天然气工业石油公司（Газпромнефть）、Yandex、Mail. ru、MTS 和俄罗斯直接投资基金（РФПИ），具体负责人工智能发展战略的执行。

在量子技术方面，2017 年 5 月，俄罗斯量子中心和俄罗斯科学院的研究人员成功测试了世界上首个量子区块链系统，并在俄罗斯天然气工业银行进行了演示

---

❶ 秦安. 俄军为何弃用 Windows 操作系统［N］. 中国青年报，2018 – 03 – 29（12）.

❷ SAP. В разработки искусственного интеллекта за10лет в России вложено около 23 млрд рублей［EB/OL］.（2017 – 05 – 23）［2020 – 08 – 30］. https://news. sap. com/cis/2017/05/исследование-sap-в-разработки-искусстве/.

验证。❶ 该系统将量子加密技术引入区块链，能够监测任何干扰和窃听，确保信息安全、稳定传输，成为目前理论上不可攻破的网络安全体系。2019 年 11 月，俄罗斯宣布建立国家量子实验室（NQL），计划在 2024 年前开发 30～100 量子比特的量子计算机及具有数百个量子比特的通用计算机，总投资金额高达 240 亿卢布，加入实验室的有俄罗斯国家原子能公司、量子计算机领域的重点大学、研究中心、技术公司、金融组织、初创企业等。❷

在 5G 技术方面，俄政府已与俄罗斯国家技术集团公司、俄罗斯电信公司等多个大型企业签署协议，共同致力于 5G 的研发与应用。2019 年 6 月，俄罗斯第一大电信运营商 MTC 和中国华为签署合作协议，在彼得格勒州的喀琅施塔得市启动了 5G 移动通信网络。同时，莫斯科市政府和 MTC 利用华为的 5G 技术在莫斯科市国民经济成就展览馆内设立了 5G 网络测试区，研究 5G 网络应用，其中包括云渲染、远程游戏播放、超高清流媒体、虚拟现实（VR）、增强现实（AR）、360 度视频、物联网及新的计算和数据存储格式。

为推动前沿热点技术的研发与应用，2012 年 10 月，俄罗斯成立了"先期研究基金会"，基金会遴选和资助了一大批研究人工智能、区块链、量子计算、云计算、集成电路技术的科研项目，有力地推动了俄罗斯网络信息技术的升级与革新。

2018 年 6 月，俄罗斯总统普京签署总统令，批准建设时代（ЭРА）科技城。科技城构建了由军队和政府联合管理，由工业、教育、科学界共同参与和协同的管理运行机制，形成了产、学、研相融合的创新发展模式。科技城已开展的研究方向包括：信息和远程通信系统，军、民用人工智能系统，机器人，超级计算机，机器视觉和模拟识别，信息安全，信息技术系统和自动化控制系统。

莫斯科近郊的斯科尔科沃创新中心作为俄罗斯的"硅谷"，目前已有 2000 家高科技企业入驻，重点发展新一代多媒体搜索引擎、影像识别和处理技术、分析软件、手机应用软件、新一代数据传输与存储、云计算、信息安全、无线传感网络等。

---

❶ 中国电子科技集团公司发展战略研究中心. 世界国防科技年度发展报告（2017）[R]. 北京：国防工业出版社，2018.

❷ 俄罗斯拨 240 亿研发量子计算机 [EB/OL]. （2019 - 12 - 21）[2020 - 01 - 20]. https://baijiahao. baidu. com/s? id = 1653469474723022820&wfr = spider&for = pc.

俄罗斯通过打造理想的科研环境和统一的科研机制，如科技城、创新中心等，缩短了信息通信领域新技术和新产品的研发周期，加快了该领域前沿热点技术的研发突破和成果转化。

二、积极开展网络空间国际合作

网络空间安全不仅仅是俄罗斯所面临的问题，也是一个全球性的问题。网络空间的互联、信息的互通决定了网络空间安全的维护需要国际社会的共同努力。任何一个国家单靠一己之力都难以有效应对网络空间安全问题。通过建立双边协定、地区或国际公约来构建合作机制，共同应对网络空间安全问题，已成为世界各国的共识。

在网络空间安全战略的实施过程中，俄罗斯高度重视网络空间国际合作。2013 年出台的《2020 年前俄罗斯联邦国际信息安全领域国家政策框架》明确提出建立双边、多边、地区和全球层面的国际信息安全体系，希望通过双边或多边合作机制共同打击网络空间犯罪，应对网络空间恐怖主义、极端主义，推动网络空间国际公约、标准规范的制定和监管体系的建立，增加网络资源分配、网络协议制定等方面的自主权，从而建立有利的国际规则体系，保障本国的网络空间利益。

（一）出台网络空间安全国际战略规划

2013 年 8 月，俄罗斯发布《2020 年前俄罗斯联邦国际信息安全领域国家政策框架》。框架首先分析了俄罗斯在国际信息安全领域面临的主要威胁，然后阐明了俄罗斯联邦在国际信息安全领域国家政策的目标、任务、优先方向及实现机制。框架指出，利用信息与通信技术实施违反国际法准则、有损国家主权和领土完整，并威胁国际和平、安全和战略稳定的敌对或侵略行为，宣传、组织和实施恐怖主义活动，并吸收新的追随者，干涉国家内部事务，破坏社会稳定，挑起民族、种族和宗教仇恨，对关键信息基础设施实施计算机犯罪，是当前国际社会在信息安全领域面临的主要威胁。

《2020 年前俄罗斯联邦国际信息安全领域国家政策框架》指出，为了建立不同层次的国际信息安全体系，降低信息和通信技术应用风险，防范利用信息通信技术从事有损国家主权和破坏国家领土完整的活动，共同应对基于信息通信技术的恐怖主义和极端主义活动，共同打击跨国计算机网络犯罪，俄罗斯要积极参与信息安全领域国际法律制度体系建设，并力争在以下领域有所作为：一是推动联合国制定相关公约、倡议和行为规范；二是定期与相关组织成员国进行磋商和对话，共同协商解决网络安全问题和制定行动计划；三是建立相互信任，共同对抗信息侵略，发展和建立国际信息安全体系；四是降低国家关键信息基础设施遭受破坏的风险，并协助建立常态化的国际监控机制；五是防范利用信息技术从事恐怖主义和极端主义活动，提升各国在预防和打击计算机网络犯罪领域的国际合作和信息共享水平；六是积极推动缩小和消除各国在信息安全领域的差距，协助开展信息基础设施建设。

《2020 年前俄罗斯联邦国际信息安全领域国家政策框架》是俄罗斯参与国际网络空间事务的战略指导性文件，它为俄罗斯在国际信息安全领域的活动确立了目标、指明了方向、规划了路径。

（二）秉承"一个中心"和"一个原则"，开展网络空间国际合作

当前全球网络空间发展不平衡、规则不健全、秩序不合理等问题较为突出，构建和平、安全的网络空间成为摆在世界各国面前的一项重要课题。在网络空间全球治理方面，俄罗斯秉承"一个中心"，即联合国在制定网络空间负责任国家行为规范方面发挥中心作用，"一个原则"，即以《联合国宪章》为核心的国际法原则，开展网络空间安全国际合作，引领网络空间国际秩序向更加公正合理的方向变革。

1. 通过联合国大会表达网络空间主张

长期以来，联合国大会是包括俄罗斯在内的新兴网络国家在网络空间领域阐述主张的活动场所和治理平台。联合国大会作为讨论国际问题的独特多边论坛，在新兴国家有关网络安全、互联网资源分配等议题中发挥了舆论引领和导向作用。为提升联合国在网络空间治理领域的合法性、影响力与执行力，在俄罗斯等国的大力推动下，2003 年联合国大会成立了信息和电信领域政府专家组，俄外交部新挑战与新威胁局副局长、总统信息安全保障国际合作问题特使阿·克鲁茨基（A. Крутский）被 20 国专家一致推选为联合国信息和电信领域政府专家组主

席。专家组主要就网络安全、网络恐怖主义应对、网络犯罪及国际网络合作等议题举行专题会议，以便为该年度联合国大会提供政策建议。正是在联合国信息和电信领域政府专家组长期不懈的努力下，国际社会关于国际法在网络空间的适用问题基本达成一致，网络主权被联合国绝大部分成员国广泛认可，为国际网络空间规则、标准的制定奠定了重要的基础。

2. 通过国际电信联盟争取网络空间主动权

国际电信联盟是联合国的一个重要专门机构，是主管信息通信技术事务的联合国机构，具体负责分配和管理全球无线电频谱与卫星轨道资源，制定全球电信标准，向发展中国家提供电信援助，促进全球电信发展。俄罗斯主张进一步扩大国际电信联盟的职责范围，呼吁在国际电信联盟的组织和领导下制定国际网络空间规则、标准。2012 年 12 月，包括俄罗斯在内的八个国家请求国际电信联盟赋予成员国分配、转让和回收在其境内注册的 IP 地址和域名的权力。❶ 2015 年 12月，在第二届世界互联网大会上，俄罗斯总理梅德韦杰夫表示，网上监听、网络恐怖、网络犯罪呈泛滥之势，全球互联网治理体系已经到了非变革不可的地步。互联网作为全球的信息平台应该共享共治，不应该由单一国家实施管理。梅德韦杰夫提议，在联合国框架下由国际电信联盟牵头制定国际网络空间规则、标准，建立国际网络空间新秩序。

俄罗斯以自身的治理理念为基础，积极参与联合国主导的网络空间制度建设，通过联合国信息和电信领域政府专家组和国际电信联盟来实现对互联网及其他网络空间议题的介入，以在该领域发挥强有力的影响。

（三）立足集体安全条约组织，构建独联体成员国信息安全同盟

俄罗斯视独联体地区为其核心利益区，努力推进独联体地区政治、军事、经济、能源和文化一体化进程。因此，与独联体成员国缔结信息安全同盟是俄罗斯保障信息空间国家主权、维护国家利益、对抗美国等西方国家侵略与扩张的重要战略手段之一。

---

❶ 刘斐. 国际互联网管理权要交给"全球利益攸关体"［EB/OL］.（2014 – 04 – 08）［2020 – 10 – 30］. http://roll. sohu. com/20140408/n397911948. shtml.

1. 制定信息空间独联体成员国示范法，实现立法上的统一化

在信息空间领域，独联体成员国议会间大会通过了一系列示范法，如《环境信息获取示范法》（1997 年 12 月）、《个人资料示范法》（1999 年 10 月）、《银行秘密示范法》（1999 年 10 月）、《国际信息交换示范法》（2002 年 3 月）、《国家秘密示范法》（2003 年 7 月）、《信息化、信息和信息保护示范法》（2004 年 4 月）、《信息获取权示范法》（2004 年 4 月）、《著作权与邻接权示范法》（2005 年 11 月）、《信息示范法典》（2008 年 4 月）等。这些法律法规为独联体成员国制定本国的信息法、信息保护法提供了借鉴和参考，有助于实现独联体成员国信息安全领域立法上的统一化，为独联体成员国开展网络空间安全合作、共同打击网络空间犯罪奠定了立法基础。

2. 签署网络空间安全合作协议

为推动网络空间安全领域合作共赢，独联体成员国政府还签署了一系列网络空间安全合作协议，如《独联体成员国在信息领域的合作协议》（1992 年）、《建立独联体国家统一信息空间的基本构想》（1996 年）、《独联体成员国在信息安全领域的合作协议》（2013 年）、《独联体成员国在数字社会发展领域国家间合作构想及优先实施的措施》（2019 年）、《关于确保独联体成员国信息安全战略的决议》（2019 年）等。这些文件涉及网络空间技术合作、人才交流、信息共享、网络威胁分析与评估等，以保障各国互联网安全稳定运行，共同打击网络犯罪，共同应对网络恐怖主义与极端主义的威胁，确保独联体国家在政治、经济、社会、文化等领域的信息安全。

独联体作为苏联解体后替代苏联存在的国际组织，能够在不同的历史和文化背景下凝聚共识、超越分歧。独联体各成员国是俄罗斯振兴大国地位、恢复世界影响力的重要砝码。与独联体成员国签署网络空间安全合作协议、缔结网络空间安全同盟，是俄罗斯网络空间国际合作的重中之重。

（四）全面推进中俄双边网络空间安全合作

随着中俄战略协作伙伴关系的深入发展，中俄两国领导人高度重视网络空间领域的合作，尤其致力于共同维护网络空间安全，协商构建国际网络空间治理体

系。2009 年 6 月，俄罗斯和我国在上海合作组织框架内签署了关于在国际信息安全领域合作的协议。2011 年 9 月，中俄联袂向第 66 届联大提交了《信息安全国际行为准则（草案）》。准则就维护信息网络安全提出了一系列基本原则，如遵守《联合国宪章》和公认的国际关系基本准则，尊重各国主权，尊重各国历史、文化和社会制度的多样性等；不利用信息通信技术，包括网络，实施敌对行动和侵略行径，威胁国际和平与安全；不扩散信息武器及相关技术；合作打击利用信息通信技术实施的违法犯罪活动和恐怖主义活动，或传播、宣扬恐怖主义、分裂主义、极端主义的活动；确保信息技术产品和服务供应链的安全，防止他国利用自身资源、关键设施、核心技术及其他优势削弱接受上述行为准则的国家对本国信息技术的自主控制权，或威胁其他国家政治、经济和社会安全；各国有责任和权利保护本国信息空间及关键信息基础设施免受威胁、干扰和攻击破坏等。

2015 年 5 月 8 日，中俄两国元首签署了《中华人民共和国政府和俄罗斯联邦政府关于在保障国际信息安全领域合作协定》。协定将网络监听、网络犯罪、网络恐怖主义活动及利用信息技术煽动民族冲突、干涉他国内政的活动列为国际信息安全领域的主要威胁。协定强调，信息通信技术应用于促进社会和经济发展，国家主权原则同样适用于信息空间。中俄两国还同意交换相关的信息与技术，确保两国信息基础设施的安全，并在网络安全领域展开合作。未来，中俄两国将建立共同应对国际信息安全威胁的交流和沟通渠道，在打击恐怖主义和犯罪活动、人才培养与科研、计算机应急响应等领域开展合作。中俄将致力于构建和平、安全、开放、合作的国际信息环境，建设多边、民主、透明的国际互联网治理体系，保障各国参与国际互联网治理的平等权利。此份协议的签署体现了中俄两国在国际信息安全领域的高水平互信与合作。

2016 年 6 月 25 日，中国国家主席习近平同俄罗斯总统普京关于协作推进信息网络空间发展发表联合声明，声明称"信息网络空间正面临着日益严峻的安全挑战，信息技术滥用情况严重，包括中俄在内的各国都拥有重要的共同利益与合作空间，理应在相互尊重和相互信任的基础上，就保障信息网络空间安全、推进信息网络空间发展的议题全面开展实质性对话与合作"。这次声明的焦点在于明确对网络安全的重视，并提出日后合作的愿景，包括：加强信息网络空间领域的科技合作，联合开展信息通信技术研究开发，加强双方的信息交流和人才培训；加强信息网络空间领域的经济合作，促进两国产业间交往并推动多边合作；向发展中国家提供技术协助,弥合数字鸿沟;加大工作力度,预防和打击利用网络进行的恐怖及犯罪活动;倡议在联合国框架下研究建立应对合作机制,包括研究制定全球性法律文书;开展网络安全应急合作与网络安全威胁信息共享,加强跨境网络安全威胁治理等。❶

随着中俄两国经贸关系的深入发展,中俄在网络技术与信息产业领域的合作不断加强。2014 年 11 月,中国最大的海外移动营销服务商 Yeahmobi 与俄罗斯国内最大的社交平台 VKontakte 达成深度合作的意向。2015 年 9 月,俄罗斯"信息卫星系统"对外界宣布与中国军方联合研制"通信之星"低轨宽频机动通信系统。该系统建成后可取代 SWIFT 系统(银行结算系统),绕过美国商务部对域名实现独立管理。同年,中国网络空间安全协会与俄罗斯安全互联网联盟签订了战略合作协议,这是中俄双方在信息安全领域在政府层面签订的具有里程碑意义的协议。双方约定在网络空间发展与安全领域将从技术交流、人才培养、政策研究等方面开展全面、深入的合作。2016 年 4 月,首届中俄网络空间发展与安全论坛在莫斯科举行。论坛旨在共同探讨中俄网络空间技术合作的前景,加强两国在信息安全领域的合作。2016 年 5 月,俄罗斯总统办公厅责成俄互联网研究会启动"互联网+中国"项目组工作,这是俄罗斯在提出"互联网+媒体""互联网+主权""互联网+教育""互联网+社会""互联网+医疗""互联网+金融""互联网+经贸""互联网+城市"八个项目之后的第九个项目,也是第一个以国家命名的项目。

(五)同其他国家、国际组织开展网络空间安全合作

1. 深入推进金砖国家网络空间安全合作

2014 年 7 月,"斯诺登事件"曝光后,俄罗斯联合其他金砖国家发表《福塔莱萨宣言》,对全球范围内的大规模网络监控和个人数据搜集行为表示谴责。2016 年 9 月,在第八次金砖国家安全事务高级代表会议上,俄罗斯同其他金砖国家签署了近 10 项网络安全合作协议,内容包括分享打击网络犯罪的信息和经验,

---

❶ 新华社. 中华人民共和国主席和俄罗斯联邦总统关于协作推进信息网络空间发展的联合声明 [EB/OL]. (2016 – 06 – 26) [2019 – 07 – 25]. http://news. xinhuanet. com/politics/2016 – 06 – 26/c_1119111901. htm.

加强技术和执法部门的合作，推动联合网络安全研发和能力建设等。2017 年 9 月，金砖国家领导人第九次会晤在我国厦门举行，会议签署了《金砖国家网络安全务实合作路线图》。2020 年 11 月，金砖国家领导人通过互联网举行第十二次会晤，并发表《金砖国家宣言》。宣言清晰阐明了金砖国家在网络空间全球治理中的共同立场，强调联合国在制定网络空间负责任国家行为规范方面的中心作用，倡导围绕以《联合国宪章》为核心的国际法原则开展网络空间国际合作。当前，俄罗斯正在积极推进金砖五国专用网络系统建设，以便在特殊情况下为五国提供安全、可靠的信息传输服务。

2. 积极推动与其他国家开展双边网络空间安全合作

2013 年 3 月，俄罗斯和韩国就保障国际信息安全合作达成协议，两国商定将在保护计算机网络免受黑客攻击、打击网络空间技术犯罪方面加强合作。2018 年，俄罗斯开启了与东盟的网络空间安全合作，共同打击网络犯罪被列为双方合作的第二个优先方向。同年 11 月，俄罗斯、印度首次战略经济对话在圣彼得堡举行，两国一致同意加强在区块链网络、人工智能等领域的合作。❶

（六）利用各种契机向国际社会宣传其在信息空间安全领域的主张

为提升网络空间话语权，向国际社会传达其在国际信息安全领域的国家政策，俄罗斯积极参加世界互联网大会、欧洲安全与合作组织（以下简称欧安组织）网络安全大会等各种国际会议，并在会议中献言献策，推动国际网络空间新秩序的建立。

2016 年 4 月，在第五届莫斯科国际安全会议上，俄罗斯公开呼吁，由于个别国家的信息侵略行为已对国际安全构成严重威胁，所有国家（包括不发达国家）都要行动起来，为在该领域享有同等权力而努力。2017 年 12 月，在第四届国际互联网大会上，俄罗斯联邦通信和大众传媒部部长表示，俄罗斯尊重各国对本国互联网空间进行独立监管的权利，认为各国境内的互联网空间应由各国自行监管，其本国的法律应该对该空间的治理发挥效用。2018 年 9 月，在欧安组织网络

---

❶ 三言财经. 印度、俄罗斯将加强区块链、人工智能方面的合作 ［EB/OL］. （2018 – 11 – 28）［2020 – 10 – 25］. https://www.sohu.com/a/278327574_100117963.

安全会议上，俄罗斯重申了其在信息安全领域的五点主张：一是数字化不仅是现代社会发展的基础，也是利用信息技术达到非法目的的各种威胁的来源，需全球共同应对；二是计算机攻击在破坏正常经济秩序的同时已危及国家乃至国际安全与稳定，加剧了国际形势的不稳定；三是反对任何国家将信息空间变为实现其地缘政治野心的跳板的做法，主张通过对话消除差异，制定行之有效的相互信任措施；四是国际社会应协调行动，统一术语和概念，以共同行动并有效避免分歧；五是应加快建立适用于成员国双边互动的法律框架和基础，签订政府间的合作协定，明确对接机构以开展合作。2019 年 5 月，在中美洲网络犯罪与国际信息安全论坛上，俄罗斯呼吁各国加强信息通信技术应用领域的务实合作，建立相关的国际和区域合作机制，共同阻止恶意软件或硬件在信息和通信技术领域的产生和传播，并采取必要措施确保通信网络的完整性，以确保信息安全。同年 7 月，俄罗斯派员参加在哈瓦那举办的和平利用信息通信技术国际论坛。

在互联网时代，网络安全是全球性挑战，没有哪个国家能够独善其身、置身事外。维护网络安全是国际社会的共同责任，各国应携手努力，共同遏制信息技术滥用，反对网络监听和网络攻击，反对网络空间军备竞赛。俄罗斯大力开展网络空间国际合作，合作内容涉及领域广泛，合作对象重点突出。俄罗斯高度重视网络空间安全，积极开展网络空间安全国际合作，其主要目的还是在网络空间国际竞争中占据有利位置，在网络空间双边和多边合作中拥有话语权，争夺本国网络空间的发展权，保护本国网络空间安全，使网络空间的规则制定有利于维护本国的国家利益。

三、加强网络空间安全人才培养

网络空间安全的竞争归根到底是网络空间安全人才的竞争。俄罗斯十分重视教育，国民受教育程度相对较高。在经历了苏联解体、大量人才外流、国家科技实力大幅下降后，面对国内外异常严峻的网络空间安全形势，俄罗斯各界对人才重要性的认识更是与日俱增。

（一）完善法律法规政策，优化人才培养顶层设计

目前俄罗斯在网络空间安全领域关于人才培养的法律法规和政策文件主要有

《信息安全领域人才保障问题主要决定》（2015 年）、《关于组织国家机关、地方政府、国有机构及军工综合体机构中信息防护人员及信息防护管理者进修的政府令》（2016 年）、《俄罗斯联邦信息安全领域人才保障发展长期构想》（2017 年），这些法规、政策为俄罗斯网络空间安全人才培养和网络空间安全人才队伍建设构建了科学的顶层设计。❶

2015 年 7 月，俄罗斯联邦安全委员会批准《信息安全领域人才保障问题主要决定》，主要内容包括：制定信息安全人才发展长期构想，确保信息安全人才培养与市场需求之间的平衡，创建信息安全人才培养领域联邦权力机关、教育教学机构及社会组织的协调机制，稳定国家机关、国有机构和军工综合体机构中的信息安全防护人才队伍。

2016 年 5 月，俄罗斯联邦政府颁布《关于组织国家机关、地方政府、国有机构及军工综合体机构中信息防护人员及信息防护管理者进修的政府令》。政府令详细规定了信息防护人员及信息防护管理者进修的目的、任务、形式、期限、组织和财政保障的具体内容。

2017 年 3 月，俄联邦军工委员会批准了《俄罗斯联邦信息安全领域人才保障发展长期构想》。构想全面分析了俄罗斯信息安全领域人才保障的现状和存在的问题，指明了信息安全人才培养的目标和主要方向，阐述了信息安全人才培养的重要举措，明确了实施信息安全人才发展长期构想的机制、期限和预期结果。

（二）健全教育管理机构，强化信息安全人才培养组织保障

俄罗斯信息安全专业教育管理机构主要包括俄联邦安全委员会信息安全跨部门委员会、俄联邦科学与高等教育部保护国家机密与信息安全人才培养问题协调委员会、俄罗斯信息安全教育高校教学法联合会、国防部技术与出口监管局等机构。各机构在信息安全人才培养方面具有明确的职责分工。

俄罗斯联邦安全委员会信息安全跨部门委员会负责分析和评估国家信息安全人才发展状况，制定关于信息安全人才培养的国家政策，监督国家信息安全人才政策的实施状况，向联邦科学与高等教育部及相关权力机关提出实施国家信息安全人才政策的意见建议等。

---

❶ 刘刚，刘琳. 俄罗斯信息安全专业教育体系建设及启示 [J]. 情报杂志，2020，39（10）：38-44.

俄罗斯联邦科学与高等教育部保护国家机密与信息安全人才培养问题协调委员会根据联邦相关权力机关的要求，施行统一的信息安全人才培养国家政策，组织制定涉及中等、高等及补充职业教育层面的信息安全专业教育教学机构活动的规章制度等。

俄罗斯信息安全教育高校教学法联合会负责为俄联邦科学与高等教育部起草信息安全专业高等教育的人才培养目标、培养计划，组织制定信息安全专业教学大纲、课程标准等，参与信息安全专业职业标准的制定等。

俄联邦国防部技术与出口监管局参与施行信息安全人才培养国家政策，参与制定信息安全专业国家职业资格标准，批准开展信息安全专业补充职业教育的机构、项目名单等。

除上述机构外，俄联邦安全局、俄联邦劳动与社会保障部、俄罗斯信息安全专业中等职业教育教学法联合会等机构也是信息安全领域人才培养与监管的参与者，它们共同构成了俄罗斯信息安全人才培养的组织保障体系。

（三）制定信息安全人才培养标准，规范人才的培养

2013 年俄罗斯国家高等教育委员会以俄罗斯联邦安全局密码、通信与信息学院为核心，组织全国 74 所院校成立了俄罗斯信息安全教育高等教育机构教学联合会（УМОИБ）。此后，俄信息安全教育高等教育机构教学联合会与俄罗斯信息安全协会、俄罗斯信息系统专家协会先后共同制定了《计算机系统安全与网络安全专家专业标准》《电信系统与网络信息防护专家专业标准》《自动化系统信息防护专家专业标准》《信息技术防护专家专业标准》等一系列标准，这些标准的颁布与实施为俄罗斯培养高质量的网络安全人才提供了统一的标准。

（四）构建多层次、多渠道的网络空间安全人才培养体系

1. 形成层次丰富、体系完备的信息安全专业教学组织体系

俄罗斯的信息安全专业教育可以分为高等职业教育、中等职业教育和补充职业教育三个层次，由此分别对应不同类型的教学机构。多层次的信息安全专业教学组织体系为俄罗斯信息安全人才培养的数量、质量奠定了坚实的基础。

俄罗斯的信息安全专业高等职业教育学制不同，人才培养类型也不同：4 年

制毕业授予学士学位，5 年制毕业授予专家资格，6 年制毕业授予硕士学位；高等级干部（кадр высшей квалификации）指副博士和博士，学制均为 3 年。目前，俄罗斯高等院校中从事前三类信息安全人才培养的教学机构大约有 150 个。由于第四类信息安全人才的培养目标是高水平的研究型人才，所以一般由设有研究生部并且开设信息安全专业的大学或科研机构开展，目前俄罗斯大学中这样的院校约有 40 所。以俄罗斯联邦安全局下属密码、通信与信息学院为例，该院下设应用数学系、特种装备系、信息安全系等，分别设置了密码学、信息系统安全分析、电信系统信息安全、计算机安全、自动化系统信息安全等专业，学制 5 年，学员毕业后被授予信息防护专家资格。

俄罗斯中等职业教育相当于我国的大学专科层次职业教育，由于入学起点不同，学制一般为 2 ~ 5 年。目前，俄罗斯的信息安全专业中等职业教育教学机构有 70 多个。

俄罗斯信息安全专业补充职业教育的教学对象主要是在职人员和再就业人员，其主要任务是提高专业技能和岗位培训。俄罗斯开展信息安全专业补充职业教育的教学机构主要有以下几类：一是由国防部技术与出口监管局批准的教学机构，如俄联邦技术与出口监管局下属的信息技术防护专家培训中心（ЦПКС ТЗИ）；二是由俄联邦安全局批准的教学机构；三是地区信息安全问题教学研究中心；四是联邦区信息安全问题教学研究中心。此外还有各种以赛代训、以训促赛的临时教学机构，其中最有影响力的是俄罗斯信息安全竞赛暑期学校（Летняя школа），它主要面向信息安全专业在校学生，已连续举办多届。通过各类培训机构开展职业教育培训，大大提高了俄罗斯网络空间安全人才队伍的能力素质和业务水平。

2. 通过选拔、招募拓宽教育教学机构网络空间安全人才培养渠道

除了由院校教育机构、任职培训机构培养各类型网络空间安全人才外，俄罗斯也非常重视通过选拔、招募等渠道充实网络空间安全人才队伍，选拔和招募的方式主要有两种：

第一种是国防部以"科学连"的形式从在校大学生中直接选拔网络空间安全人才到部队服役。2013 年俄国防部长谢尔盖·绍伊古大将签署命令组建科学连，吸纳地方高校优秀专业技术人才为军队服务。在目前已经组建的科学连中，

有许多业务和科研方向与网络空间安全直接相关。以隶属于总参谋部第八局的第六科学连为例，该连下设四个排，业务方向包括特种通信方法研究、信息防护设备与方法研究、信息传输设备与方法研究及自动化系统信息安全保障研究等。此外，隶属于军事通信学院的第七科学连、隶属于电子战部队作战应用与培训中心的第九科学连和隶属于国防部第十二中央研究所的第十二科学连等的科研方向也大多与网络空间安全有关。

第二种是由国家网络空间安全保障权力机关直接从社会招聘或者从各类黑客竞赛中招聘。例如，俄罗斯国防部特种研究中心就面向社会公开招聘软件工程师、电子工程师等。其中，对软件工程师的要求是："熟悉操作系统的内部架构和设计原理；有软件逆向开发经验；熟知软件漏洞及防护方法；熟悉网络技术及TCP/IP 协议；掌握 C 或 C ++ 编程语言及 PHP，Python，Ruby，Perl 等脚本语言。"聘用人员的具体工作包括：研究软件算法；设计和分析数据防护系统；软件开发和调试；软件、硬件模块分解等。对于这类从事计算机安全及网络安全的人员，俄罗斯官方习惯称之为"白客"。俄联邦委员会信息社会发展委员会主席鲁斯兰·加特塔洛夫（Руслан Гаттаров）就曾说，"要吸引那些有丰富经验的、能发现信息系统漏洞的专家——白客，参与到信息防护系统的监测工作中。"❶除了面向社会公开招聘外，俄政府部门和军队还从各种网络安全竞赛中招募获奖选手以补充网络空间安全人才队伍。例如，从 2012 年开始，俄国防部每年都举办"为了俄罗斯联邦武装力量全俄科研竞赛"，该赛事主要面向高校在校大学生、硕士研究生、博士研究生及科研人员等，其中设置的以信息安全为主题的竞赛项目包括"研制能绕过反病毒程序、网络防护程序和操作系统防护程序的工具和方法"等。获奖选手除了可以获得最高可达 40000 卢布的奖金外，还有机会进入国防部相关机构工作。俄国防部通过举办这一类型的比赛，一方面直接获得了许多成熟的网络空间作战手段和方法，另一方面拓展了军队网络空间战人才储备的基础。❷

---

❶ МИХАИЛ ФОМИЧЕВ. Совет Федерации предлагает поощрять "белых" хакеров［EB/OL］．(2014 – 01 – 10)［2020 – 06 – 18］．https://ria.ru/20140110/988601829.html.

❷ 刘刚. 俄罗斯网络空间战人才培养［J］. 国防科技，2019（1）：58 – 63.

第六章　加强我国网络空间安全建设的思考

网络空间已成为人类社会生产生活的重要领域，成为国家与民族在信息化时代的生存发展空间，是各种意识形态交汇碰撞的角斗场，也是各种国家和非政府力量相互较量的新战场。由于各种复杂因素相互作用，中国被推升到网络空间对抗的潮头浪尖，网络空间安全面临美国等西方国家的网络霸权和敌对势力网络渗透颠覆的双重威胁，网络空间主动权成为我国反渗透反颠覆反霸权斗争的制高点。然而，我国网络空间安全建设总体较为薄弱，维护网络空间安全的能力亟待提升。我国应立足未来网络空间发展大势，积极探索人类社会在网络空间生存发展的规律，科学把握网络空间竞争的特点与要求，加强网络空间安全建设，建立强大的网络空间国防，不断提升网络空间控制能力，为在信息化时代维护我国国家安全提供坚强保障。

一、科学谋划国家网络空间安全战略

网络空间安全战略的基本内涵是：国家为保障综合性国家安全，消除基于网络空间的各类国家安全威胁，运用各种国家资源和技术手段进行战略规划和实施的全过程。网络空间安全战略由国家网络空间安全观、国家网络空间安全目标、国家网络空间安全利益、国家网络空间安全威胁、国家网络空间安全战略资源及其运用、国家网络空间安全政策和机制等组成❶。我国维护网络空间安全，最大的战略对手就是美国。与美国等西方国家在网络空间的较量，不只是攻防技术的较量，更是战略谋划的较量，需要不断完善我国网络空间安全战略。

---

❶ 惠志斌. 我国国家网络空间安全战略的理论构建与实现路径 ［J］. 中国软科学, 2012（5）: 22 - 27.

　　首先，要明确国家网络空间安全总体思路。我国的国家网络空间安全战略应以牢牢掌握我国网络空间主导权为立足点，以维护国家信息系统与信息安全为基础，以网络空间控制与反控制、窃密与反窃密、渗透与反渗透、颠覆与反颠覆为网络空间博弈的主轴，以维护和拓展国家网络空间利益为根本目标。

　　其次，要确定我国的网络空间战略模式。相对于美国的扩张型战略模式、日本的保障型战略模式、俄罗斯的综合型战略模式，我国应确立"三位一体"的"积极防御、综合防范"网络空间安全战略模式❶，以保障网络空间安全发展，为建设强大的网络空间国家提供战略支撑。所谓"三位一体"，即保障、治理和对抗融于一体。其中，保障强调针对网络空间信息资源和信息系统的保护和防御，重视提高各类关键信息系统的入侵检测、事件反应及快速恢复能力；治理主要是对网络空间活动内容的安全管理，重在消除社会安全隐患；对抗是为了应对网络霸权主义和网络恐怖主义的威胁，提升网络空间的威慑和反击能力。❷

　　再次，应注意把握几对辩证关系，包括信息化建设与安全的矛盾统一关系、管理和技术的同步发展关系、成本与收益的综合平衡关系、国家安全和全球安全的动态交互关系、平时与战时关系、军政军地军民关系等。

　　最后，应抓住以下几个重点：

　　一是对网络空间发展进行前瞻性研判，制定国家网络空间发展战略，统筹规划国家网络空间建设，拓展网络空间国家利益，夺取未来网络空间发展的先机，从而为维护未来网络空间的安全夺取主动权。

　　二是在综合集成当前行业性网络空间安全政策的基础上，以积极防御战略方针为指导，科学规划网络空间国防建设。

　　三是加强战略统筹，综合运用政治、经济、军事、外交、科技、宣传和思想文化手段，有效应对美国等西方国家在网络空间政治煽动、经济竞争、军事施压、科技垄断、思想文化渗透、舆论压制、国际挤压的立体攻势。

　　四是加强顶层设计，既要使国家网络空间安全战略为国家网络空间安全政策方针、法律法规、应急预案等提供可靠指导，又要确保国家网络空间安全战略在不同层面和领域得到落实。

---

❶ 卢新德. 构建信息安全保障新体系——全球信息战的新形势与我国信息安全 ［M］. 北京：中国经济出版社，2007.

❷ 惠志斌. 我国国家网络空间安全战略的理论构建与实现路径 ［J］. 中国软科学，2012（5）：22－27.

二、完善国家网络空间安全协调机制

由于网络空间并非独立的空间，而是与现实社会空间高度融合，社会各行各业加速融入网络空间，所以网络信息安全工作涉及面日益广泛，具有跨行业、跨部门的特点，中央、国家和军队各职能部门在主管领域均负有维护网络空间安全的职责。在多头管理的客观要求下，需要加强维护国家网络空间安全总体协调工作。可以参考美国统筹政府、军队、外交三大领域的网络安全工作体制，在总体国家安全领导机制之下成立国家网络空间发展与安全领导小组，统筹制定国家网络空间安全战略，理顺现有专项国家网络空间协调机制，谋划拓展网络空间国家利益，规划国家网络空间国防建设，协调指挥网络空间对抗。健全、完善网络空间军事斗争准备领导体系和网络空间行动指挥机制，加强军队网络通信、网络情报、网络战、网络舆情与心理战、网络安全保卫力量的体系化配合，加强军地网络安全协作，深入推进网络空间军事斗争准备。健全现有国家网络与信息安全机制，有效维护国家基础网络、重要信息系统的安全。建立国家网络空间安全动员机制，以网络安全企业、重要网络舆论阵地、网络"意见领袖"和网络管理员为重点，加强民众对网络空间国防的参与。健全应急响应机制，针对重大突发网络攻击事件、舆情事件、群体性事件和敌对活动事件制定应急预案，设立应急指挥机构，确保及时控制事态、封堵漏洞、追根溯源、反击控制、落地打击。各职能部门根据职责分工参与相关协调机制，形成职责明确、分工合作、信息共享、齐抓共管的局面。

三、着力推进网络空间安全法制建设

依法治国是党的基本方略之一，要求我们要着力提高网络空间法治水平。依法治理网络空间，依法维护网络空间安全，是保障网络空间健康发展的必然要求。我国现有关于网络空间安全的立法主要目标是保护国家基础网络和重要信息系统安全运行，保护国家信息安全，打击网络犯罪和有害信息，难以全面满足网络空间治理和复杂斗争的需要。应深入研判网络空间发展趋势，尤其是网络新技术新应用对网络安全的新挑战，借鉴发达国家维护网络安全的立法和执法经验，梳理我国的网络空间法律法规，科学规划我国网络空间法律体系，有序推进网络空间安全法制建设。需要强调的是，网络空间并非独立的物理空间，而是与现实社会空间高度融合的虚拟空间，并不能独立于人类社会之外，在网络空间并没有"治外法权"。我国已初步形成较为完善的社会主义法律体系，应通过司法解释和执法实践大力推动现有法律体系对网络空间的覆盖，实现对网络空间与现实世界的统一法治。尤其是对敌对分子利用互联网进行危害国家安全和社会稳定的活动，应加大适用刑法等相关法律的力度，坚决打掉敌对分子把"网络自由"作为保护伞的幻想。同时，要正确处理发展与安全的关系，发展是根本，安全是保障。信息产业是快速创新的朝阳产业，立法需要适应信息产业的发展，防止过度立法损害我国信息产业的生命力。

四、深入推进国家网络空间安全管理

有效维护国家网络空间安全，主要依靠完备的网络空间安全保障体系、完善的安全标准、严格的管理制度、经常性的安全教育和重点领域的安全防护。

一是深入推进网络空间安全保障体系建设。依据我国网络空间发展现状和趋势，统筹规划、系统配套、有序推进国家网络空间安全保障体系建设，形成国家级、网络域、网络实体等多级网络空间安全维护体系，使网络空间安全保障体系覆盖国家关键基础设施网络、重要信息系统、网络空间活动等各个领域和角落，确保国家网络关防守得住、局部网络空间平稳可控、基础网络和信息系统安全。

二是完善网络空间安全标准。网络空间安全标准在网络安全保障体系建设中发挥着基础性、规范性作用，是网络安全产品和信息系统在设计、研发、生产、建设、使用、测评中保持一致性、可靠性、可控性等安全属性的技术规范和依据。要把握国际网络空间最新发展趋势，紧跟国际信息安全标准最新研究进展，同时结合国内产业和社会发展需要，努力实现网络空间安全标准自主创新。要加强安全通信协议和有关标准建设，减少因网络协议和软件的缺陷或漏洞及网络通信安全技术标准的不健全而导致的安全问题。

三是完善和落实网络空间安全管理制度。主要的安全管理制度包括：境外网络与信息企业进入中国市场的准入制度，境外网络与信息产品检测制度，新兴网络通信、社交和媒体等技术与服务风险评估和管控制度，重要网络信息系统和安全系统同步建设、定期进行安全风险检测评估制度，网络服务与管理协同制度，网络服务商承担网络空间安全责任制度等。尤其是针对美国等西方国家以国家安全为由打压我华为、中兴等公司的行为，应加大对美国信息技术产业"八大金刚"对华渗透活动的监视和管控。

四是坚持经常性的网络空间安全管理。坚持有效开展网络攻击监视、网络空间巡查、舆情监测等工作，及时发现和应对重大突发网络空间安全事件。

五是加强重点领域网络空间安全防护。在完善国家基础网络与重要信息系统安全管理方面，当务之急是加强重要工业控制系统安全防护，推进工业控制系统防护体系建设，建立相关技术标准，加强对引进国外企业控制系统的监督管理，并开展重要工业控制系统安全风险专项检测评估，有针对性地加强防护。

五、加速提升网络空间安全技术能力

维护国家网络空间安全工作，是与战略对手开展的持久的高技术对抗，抢占技术制高点是关键。我国在网络空间安全技术研发方面已取得重要进展，形成了一定的网络空间攻防能力，在维护国家安全和社会稳定方面正发挥着重要作用。面对美国等西方国家和敌对势力加紧研发新的网络空间渗透攻击宣传技术，应加速发展我国的网络空间安全技术。为此，应制定国家重大网络空间安全技术专项研发计划，统筹运用现有军地网络空间安全技术研发力量，有计划、成系列地推进网络空间安全技术的发展，构建、完善和升级我国网络空间安全技术装备体系。重点攻关方向有：

一是研究创新改变美国等西方国家对互联网关键技术垄断的战略和技术思路。借鉴美俄发展自主可控技术的经验，以政策为引导，以国内市场优势为支撑，发展我国关键网络与信息产品的自主可控的技术，大力促进我国自主可控技术及标准的推广应用。尤其要大力发展自主可控的网络信息安全技术，并在我国基础网络与重要信息系统中强制推广应用。在我国基础网络和重要信息系统大量使用美国"八大金刚"产品的形势下，深入解析"八大金刚"产品核心技术，采取有效防范措施，封闭可能的后门和漏洞，阻断境外远程自动监视和信息搜集功能，并研究在与境外网络空间对抗过程中逆用敌网络后门和远程渗透监控技术。

二是不断提升对网络攻击、渗透和窃密活动的监视发现能力。其核心是侦查境外敌对势力的网络侦察和攻击工具，提升网络密码的破译能力，升级相关监视系统。

三是不断发展网络舆情监控和分析技术。完善网络空间监控系统，研发先进的网络信息分级、过滤和审查技术及论坛发帖延时审查和发布技术等，提升对负面敏感信息自动过滤和对国外有害信息封控能力，提升网络管理的自动化程度。研发包括网络舆情采集与提取、话题发现与追踪、网民舆论倾向性分析等的网络舆情分析技术，提高网络舆情分析研判的智能化、自动化水平。

四是同步发展对网络新技术新应用的技术管控能力。积极研发对微信等智能移动终端服务、云计算、物联网、大数据、卫星互联网等的安全管理技术，确保网络新技术新应用的安全性和对社会稳定影响的可控性，防止新技术新应用打开影响社会安全稳定的"潘多拉魔盒"。

五是研发网络空间攻击控制技术。发展对战略对手的网络侦察和控制技术，提升对战略对手重要网络和信息系统的进入、控制和情报搜索能力。发展信息推送技术，包括自动推送、海量散布、多语种智能翻译、多终端同步发送、多虚拟身份宣传、网络活动安全等技术，建立自动海量信息发布系统，提高大范围信息传播能力，确保短时间内在特定网络空间取得压倒性优势。发展攻势宣传技术，搜集和改进境内外各类网络宣传渗透技术，攻研对境外敌对网络舆情平台的控制技术，利用无线网络、卫星互联网等技术绕过网络封锁突入境外互联网，着力提升战时网络信息突破封锁能力。

六、推动建立公正合理的国际网络空间秩序

美国依恃网络空间霸权地位，把控国际网络空间规则制定权和话语权，对发展中国家网络空间安全构成严重威胁，受到包括部分西方国家在内的世界大多数国家的质疑和抵制。随着中国等国家发展成为网络空间大国，全球网络空间安全治理格局正处于重构和整合之中。我国应完善国际网络空间安全合作机制，倡导建立公正合理的国际网络空间秩序。积极与美国等西方国家开展网络空间安全对话，利用打击网络犯罪合作和网络空间经济合作等共同利益促压对方尊重中国网

络空间主权，限制敌对势力利用西方网络空间开展反政府活动。加强与新兴大国的网络空间合作，共同研发和推广下一代国际互联网技术，联手推动制定和倡导公平公正的行业标准和技术规范，牵制美国等西方国家网络空间霸权地位。加强与发展中国家在网络空间反渗透颠覆领域的合作，共同应对美国等西方国家的网络渗透颠覆活动，在网络空间主权、网络安全、网络自由等方面形成独立的话语权。加强在联合国、联合国人权理事会等国际组织中的外交斗争，积极参与网络空间安全管理国际机制的建立，依据《联合国宪章》维护网络空间主权，推动制定公正合理的网络空间国际法则，反对美国等西方国家的网络空间安全"双重标准"，对网络空间霸权形成一定制衡。积极发展网络空间对华友好力量，在国际网络空间拓展国家利益。

参考文献

[1] 班婕, 鲁传颖. 从《联邦政府信息安全学说》看俄罗斯网络空间战略的调整 [J]. 信息安全与通信保密, 2017 (2): 81 – 88.

[2] 陈婷, 武斌. 追求主权原则为核心的信息安全 [N]. 解放军报, 2017 – 04 – 18 (07).

[3] 东鸟. 中国输不起的网络战争 [M]. 长沙: 湖南人民出版社, 2010.

[4] 江欣欣, 由鲜举. 2019 年俄罗斯信息网络安全建设综述 [J]. 保密科学技术, 2020 (6): 57 – 61.

[5] 江欣欣, 由鲜举. 俄罗斯"主权互联网"建设一年回顾 [J]. 保密科学技术, 2020 (8): 56 – 59.

[6] 宫小雄. 俄罗斯出台《国家信息安全构想》[J]. 现代军事, 2000 (9): 23 – 24.

[7] 韩宁. 日本网络安全战略研究 [M]. 北京: 时事出版社, 2018.

[8] 姜振军, 齐冰. 俄罗斯国家信息安全面临的威胁及其保障措施分析 [J]. 俄罗斯东欧中亚研究, 2014 (3): 9 – 15, 95.

[9] 李奇志, 唐文章, 吕玮. 俄罗斯网络战发展研究 [J]. 信息安全与通信保密, 2021 (4): 9 – 16.

[10] 刘刚, 刘琳. 俄罗斯信息安全专业教育体系建设及启示 [J]. 情报杂志, 2020 (10): 38 – 44.

[11] 刘刚. 俄罗斯网络安全组织体系探析 [J]. 国际研究参考, 2021 (1): 24 – 29.

[12] 刘刚. 俄罗斯网络空间战人才培养 [J]. 国防科技, 2019 (1): 58 – 63.

[13] 刘刚. 俄罗斯国家计算机攻击监测、预警和后果消除体系 [J]. 国际研究参考, 2020 (7): 23 – 30.

[14] 刘建明. 俄罗斯面临的信息安全新形势及对策 [J]. 情报杂志, 1999 (6): 106 – 107.

[15] 刘静. 网络强国助推器——网络空间国际合作共建 [M]. 北京: 知识产权出版社, 2018.

[16] 马海群. 从《俄罗斯联邦信息安全学说》解读俄罗斯信息安全体系 [J]. 现代情报, 2020 (5): 13 – 18.

[17] 米铁男. 俄罗斯网络数据流通监管研究 [J]. 中国应用法学, 2021 (1): 202 – 217.

[18] 全军军事术语管理委员会, 军事科学院. 中国人民解放军军语 [M]. 北京: 军事科学出版社, 2011.

[19] 沙瓦耶夫. 国家安全新论 [M]. 魏世举, 石陆原, 译. 北京: 军事谊文出版社, 2002.

[20] 石军. 俄罗斯《国家信息安全学说》概要 [J]. 信息网络安全, 2002 (2): 19 – 20.

[21] 沈雪石. 国家网络空间安全理论 [M]. 长沙: 湖南教育出版社, 2017.

[22] 苏桂. 2020 年前俄罗斯联邦国际信息安全领域国家政策框架 [J]. 中国信息安全, 2014 (12): 101 – 104.

[23] 王丹娜. 2016 俄罗斯信息安全态势综述 [J]. 中国信息安全, 2017 (2): 72 – 74.

[24] 王鹏飞. 论俄罗斯信息安全战略的"综合型"[J]. 东北亚论坛, 2006 (2): 71 – 75.

[25] 王智勇, 刘杨钺. "主权互联网法案"与俄罗斯网络主权实践 [J]. 信息安全与通信保密, 2020 (10): 93 – 99.

[26] 中国电子科技集团公司发展战略研究中心. 信息系统领域科技发展报告 (2017 年) [R]. 北京: 国防工业出版社, 2018.

[27] 肖军. 俄罗斯信息安全体系的建设与启示 [J]. 情报杂志, 2019 (12): 134 – 140.

[28] 肖秋惠. 20 世纪 90 年代以来俄罗斯信息安全政策和立法研究 [J]. 图书情报知识, 2005 (5): 85 – 88.

[29] 徐梅, 陈洁, 宋亚岚. 大学计算机基础 [M]. 武汉: 武汉大学出版社, 2014.

[30] 杨国辉. 俄罗斯联邦信息安全学说 [J]. 中国信息安全, 2017 (2): 79 – 83.

[31] 由鲜举, 江欣欣. 俄罗斯网络安全技术管理框架研究 [J]. 保密科学技术, 2019 (7): 35 – 38.

[32] 由鲜举, 江欣欣. 俄罗斯信息化建设的安全守护者——特种通信和信息化局 [J]. 保密科学技术, 2020 (2): 62 – 65.

[33] 由鲜举, 江欣欣. 着力打造"数字经济"的安全盾牌——俄罗斯的信息安全产业 [J]. 保密科学技术, 2019 (12): 57 – 61.

[34] 由鲜举, 李爽. 浅析俄罗斯信息空间建设的政策框架体系 [J]. 保密科学技术, 2017 (12): 37 – 41, 1.

[35] 由鲜举. 俄罗斯联邦信息安全学说 [J]. 信息网络安全, 2005 (4): 59 – 61.

[36] 由鲜举. 俄罗斯联邦信息安全学说 [J]. 信息网络安全, 2005 (5): 67 – 69.

[37] 由鲜举. 俄罗斯信息空间建设的思路与做法 [J]. 俄罗斯东欧中亚研究, 2017 (5): 51 – 63, 157.

[38] 翟贤军, 杨燕南, 李大光. 网络空间安全战略问题研究 [M]. 北京: 人民出版社, 2018.

[39] 张举玺. 俄罗斯的互联网技术与新媒体发展现状 [J]. 人民论坛·学术前沿, 2020

（14）：111 - 119.

［40］张孙旭. 2016 年版《俄联邦信息安全学说》述评［J］. 情报杂志，2017（10）：56 - 59，30.

［41］张孙旭. 俄罗斯网络空间安全战略发展研究［J］. 情报杂志，2017（12）：5 - 9.

［42］中国网络空间研究院. 世界互联网发展报告（2018）［R］. 北京：电子工业出版社，2019.

［43］中国网络空间研究院. 世界互联网发展报告（2019）［R］. 北京：电子工业出版社，2019.

［44］中国网络空间研究院. 世界互联网发展报告（2020）［R］. 北京：电子工业出版社，2020.

［45］БАБАШ А В，БАРАНОВА Е К，ЛАРИН Д А. Информационная безопасность. История защиты информации в России［M］. Москва：Издательство КДУ，2012.

［46］БАСКАКОВ А В，ОСТАПЕНКО А Г，ЩЕРБАКОВ В Б. Политика информационной безопасности как основной документ организации［J］. Информация и Безопасность，2016（2）：43 - 47.

［47］БИРЮКОВ А А. Информационная безопасность：защита и нападение［M］. Москва：ДМК Пресс，2013.

［48］БОДРИК АЛЕКСАНДР. Кибербезопасность России：итоги 2016 года и стратегии для 2017 - го［EB/OL］.（2017 - 01 - 10）［2021 - 02 - 18］. https://www. itweek. ru/security/article/detail. php? ID = 191370.

［49］БОДРИК АЛЕКСАНДР. Кибербезопасность в России：итоги 2018 года и стратегии для 2019 - го［EB/OL］.（2019 - 02 - 04）［2021 - 01 - 26］. https://www. itweek. ru/security/article/detail. php? ID = 205189.

［50］ДИОГЕНЕС Ю，ОЗКАЙЯ Э. Кибербезопасность：стратегии атак и обороны［M］. Москва：ДМК Пресс，2020.

［51］КАРАСЁВ СЕРГЕЙ. Ведомства и госкомпании России стали намного больше тратить на обеспечение кибербезопасности［EB/OL］.（2021 - 07 - 27）［2021 - 08 - 14］. https://3dnews. ru/1045251/vedomstva - i - goskompanii - rossii - stali - namnogo - bolshe - tratit - na - obespechenie - kiberbezopasnosti.

［52］КАРОЛИНА СЭЛИНДЖЕР. Исследование：Российский рынок кибербезопасности может вырасти на 10% в 2019 году［EB/OL］.（2019 - 07 - 19）［2020 - 10 - 17］. https://forklog. com/issledovanie - rossijskij - rynok - kiberbezopasnosti - mozhet - vyrasti - na - 10 - v - 2019 - godu/.

［53］ КАЧАЛИН И Ф. Роль и назначение ГосСОПКА в современной системе информационной безопасности Российской Федерации ［EB/OL］. (2018 – 11 –27) ［2020 – 04 – 21］. chrome – extension：//ibllepbpahcoppkjjllbabhnigcbffpi/https：//soc – forum. ib – bank. ru/files/SOC% 20201801_kachalin. pdf.

［54］ КРУПКО А Э. Политика информационной безопасности：состав, структура, аудит ［J］. ФЭС：Финансы. Экономика. Стратегия, 2015 (8)：27 –32.

［55］ КУЧЕРЯВЫЙ М М, СТОРОЖИК В С, ВОВЕНДА Ю В. О кадровом обеспечении безопасности в информационной сфере ［J］. Проблемы Информационной Безопасности. Компьютерные Системы, 2016 (4)：146 –150.

［56］ ЛАБАЧ Д В, СМИРНОВА Е А. Состояние кибербезопасности в России на современном этапе цифровой трансформации общества и становление национальной системы противодействия киберугрозам ［J］. Вестник ВГУЭС, 2019 (4)：23 –32.

［57］ ЛАБОРАТОРИЯ КАСПЕРСКОГО. Кибербезопасность：итоги 2017 года и новые угрозы ［EB/OL］. (2017 – 12 – 07) ［2020 – 03 – 12］. https：//www. finam. ru/analysis/newsitem/ kiberbezopasnost – itogi – 2017 – i – novye – ugrozy – 20171207 – 125855/.

［58］ ЛОПАТИН В Н. Правовые основы информационной безопасности ［M］. Москва： МИФИ, 2000.

［59］ ЛЕПЕХИН А Н. Расследование преступлений против информационной безопасности. Теоретико – правовые и прикладные аспекты ［M］. Москва：Тесей, 2008.

［60］ МАКСИМ БЛИНОВ. Минобороны создает на базе военной академии связи кадетскую IT – школу ［EB/OL］. (2015 – 07 – 09) ［2021 – 03 – 15］. https：//ria. ru/20150709/ 1122970151. html.

［61］ МЕЛЬНИКОВ АНДРЕЙ. Кибербезопасность России возросла ［EB/OL］. (2016 – 02 – 03) ［2020 –06 – 11］. https：//jpgazeta. ru/kiberbezopasnost – rossii – vozrosla/.

［62］ МЕЛЬНИКОВ В П. Информационная безопасность и защита информации ［M］. Москва：Издательство Академия, 2008.

［63］ МИХАЙЛОВА АЛИНА. Проблемы кибербезопасности в России и пути их решения ［EB/OL］. (2014 –01 – 20) ［2019 –09 – 15］. https：//www. garant. ru/article/520694/.

［64］ ПОЛТАВЦЕВА М А. Методы и средства обеспечения информационной безопасности ［J］. Проблемы Информационной Безопасности. Компьютерные Системы, 2015 (1)： 17 – 23.

［65］ САРА КУРАНДА. Рынок кибербезопасности：уроки 2016 Года ［EB/OL］. (2016 –08 – 17) ［2020 – 11 – 20］. https：//www. crn. ru/news/detail. php? ID =112666.

［66］СЕРЕЕВИЧ Л А. Информационная безопасность – история проблемы и решение ［D］. Москва： Московский Государственный Университет Приборостроения и Информатики, 2009.

［67］СОЛЯНОЙ В М, СУХОТЕРИН А И. Становление международных организаций в сфере информационной безопасности ［J］. Информационное Противодействие Угрозам Терроризма, 2015 （25）：255 – 260.

［68］ТАРАСОВ А М. Информационная безопасность в ракурсе деятельности международных организаций ［J］. Вестник Академии и Права, 2016 （4）：37 – 48.

［69］ТЭЙЛОР АРМЕРДИНГ. Прогнозы на 2016 год от поставщиков и аналитиков в области кибербезопасности ［EB/OL］. （2016 – 01 – 20） ［2020 – 11 – 30］. https：//www. osp. ru/ cio/2016/01/13048401.

［70］ЦЮК О А. Международная организация по стандартизации ［J］. Мир Науки, Культуры и Образования, 2014 （4）：67 – 78.

［71］ШЕРСТЮК В П. Информационная безопасность в системе обеспечения безопасности России ［J］. Информационное Общество, 2015 （6）：3 – 5.

［72］ЮСУПОВ Р М, ШИШКИН В М. Информационная безопасность, кибербезопасность и смежные понятия ［J］. Информационное Противодействие Угрозам Терроризма, 2016 （1）：27 – 35.

附录 1　俄罗斯联邦信息安全学说
（2000 年发布）^❶

（2000 年 9 月 9 日）

俄罗斯联邦信息安全学说是确保俄罗斯联邦信息安全的目标、宗旨、原则和主要方向等的官方观点。

学说为俄罗斯联邦信息安全保护政策的形成，为从法律、方法、科学技术和组织上完善俄罗斯联邦的信息安全保障体系及制定俄罗斯联邦信息安全保障的整体方案提供了建议和政策指导。

学说在信息领域发展了俄罗斯联邦的国家安全概念。

Ⅰ. 俄罗斯联邦信息安全

1. 俄罗斯联邦在信息领域的国家利益及其保障

当今社会，信息领域的作用日益增强。信息领域是信息，信息基础设施，收集、形成、传播和使用信息的主体，以及由此产生的调节社会关系的系统。信息领域是社会生活的重要组成部分，它深刻影响着俄罗斯联邦的政治、经济、国防及其他方面。俄罗斯联邦的国家安全依赖于信息安全，随着技术的进步，这种依赖性将越来越大。

俄罗斯联邦的信息安全是指信息领域中国家利益受保护的状态，这是由个人、社会和国家的利益总和所决定的。

---

❶　由鲜举编译，本书略作修改。

　　信息领域的个人利益是指公民和个人在从事法律许可的活动和有利于物质、精神和智力发展的活动时，可以行使的获取和使用信息的合法权利，以及涉及个人安全的信息。

　　社会在信息领域的利益是指保障公民和个人在信息领域的利益，以及巩固民主、建立法治国家、达成和保持社会和睦、实现俄罗斯精神复兴。

　　国家在信息领域的利益是指为俄罗斯信息基础设施的协调发展、公民和个人行使获取和使用信息的合法权利创造条件，保证宪法制度的严肃性、俄罗斯主权与领土完整及政治、经济和社会的稳定，发展互利的国际合作。

　　俄罗斯联邦在信息领域的国家利益主要由以下四个部分组成：

　　第一，遵循宪法规定的公民和个人获取和使用信息的权利，保证俄罗斯的精神复兴，保护和加强社会的道德价值观、爱国主义和人道主义及国家的文化和科技潜力；

　　第二，将有关俄罗斯联邦国家政策及有关俄罗斯和国际生活的重大事件的官方立场等真实信息通报给俄罗斯和国际公众，允许公民获取公开的国家信息资源；

　　第三，开发信息技术和发展本国的信息产业，满足国内市场需求并打入国际市场，保证国家信息资源的收集、储存和有效利用，保护信息资源不被非法获取，保证已经在俄罗斯境内建立的和将要建立的信息和电信系统安全；

　　第四，为俄罗斯信息基础设施的协调发展、公民和个人行使获取和使用信息的合法权利创造条件，保证宪法制度的严肃性、俄罗斯主权与领土完整及政治、经济和社会的稳定，发展互利的国际合作。

　　保障俄罗斯联邦国家信息安全的基本思路：

　　● 提高信息基础设施的使用效率，促进社会的发展，增强社会的凝聚力，促进俄罗斯联邦各民族的复兴；

　　● 完善信息资源整合、储存和合理利用方面的相关规定；

　　● 保证公民和个人享有通过法律赋予的形式自由收集、获取、传递、传播信息的权利，以及获取有关自然环境状况准确信息的权利与自由；

　　● 保证公民和个人享有宪法赋予的保守个人和家庭秘密，保守书信往来、电话交谈、邮件、电报和其他通信形式的秘密，以及维护个人尊严和声誉的权利与自由；

- 加强知识产权保护的法律调解机制，为遵循联邦法律有关限制获取非法信息的各项规定创造条件；
- 保障公众的信息自由，禁止实行新闻检查；
- 不允许进行煽动社会、种族、民族或宗教仇视和敌对情绪的宣传和鼓动活动；
- 未经个人同意，不得收集、传播、存储、利用涉及个人隐私的信息和联邦法律禁止的其他信息；
- 强化国家媒体的地位和作用，及时向本国公民和外国通报俄罗斯的真实信息；
- 大力整合公开的国家信息资源，提高有偿使用的效益；
- 发展和完善俄罗斯联邦统一信息空间的基础设施；
- 发展俄罗斯的信息服务业，提高国家信息资源的利用效率；
- 大力发展有竞争力的信息化、有线和无线通信设备系统，积极参与国际合作；
- 加大国家对信息化、有线和无线通信领域基础研究与应用研究的扶持力度；
- 提高信息系统（包括电信网络）的安全性，特别是联邦国家权力机关、各联邦主体国家权力机关、财政金融领域从事经营活动的基础电信网络和信息系统的安全、信息化武器装备和系统的安全，以及军队和武器、对生态环境构成危险和有重要经济意义的生产部门的管理系统的安全；
- 大力开发国产办公设备和信息保护软件，并加强对这些设备和软件使用效果的监管；
- 保护国家机密信息；
- 扩大俄罗斯联邦在开发和安全利用信息资源、有效应对信息威胁方面的国际合作。

2. 信息安全威胁的种类

根据其危害的对象不同，信息安全威胁分为四类：

第一类是对公民和个人信息权与自由，以及对个人、组织、社会及俄罗斯精神复兴构成的威胁。

第二类是对俄罗斯联邦国家信息安全政策的威胁。

第三类是对本国信息产业发展、保证国内市场对信息产品的需求和开拓国际市场，保证国内信息资源的收集、存储和有效利用构成的威胁。

第四类是对俄境内已建立或将要建立的信息和通信系统及设备的安全构成的威胁。

3. 信息安全威胁的来源

根据来源，信息安全威胁可以分为内部威胁和外部威胁。

外部威胁包括：

- 外国政治、经济、军事和情报机构开展的旨在侵害俄联邦信息领域国家利益的活动；
- 一些国家试图损害俄罗斯在全球信息空间的利益，将其排斥出国际信息市场；
- 信息技术和信息资源的国际竞争加剧；
- 国际恐怖组织活动猖獗；
- 与世界主要大国的技术差距扩大；
- 外国太空、空中、海洋和地面的侦察活动日益增加；
- 一些国家发展信息战概念，破坏其他国家信息和电信系统的正常运行，未经授权访问其他国家信息资源。

内部威胁包括：

- 国内产业的临界状态；
- 不利的犯罪形势；
- 在制定和实施统一的俄联邦国家信息安全政策时，联邦权力机关和联邦主体权力机关之间协调不足；
- 信息领域法律法规不完备，执法经验不足；
- 俄罗斯对信息领域市场监管不够；
- 确保俄罗斯联邦信息安全的资金不足；
- 国家经济实力下降；
- 教育和培训系统的效率下降，信息安全领域的合格人员数量不足；
- 在通告活动和决议、建立开放的国家资源和保障公民获取资源方面，俄联邦权力机关和联邦主体权力机关不够积极；

● 联邦政府、联邦实体政府和地方政府信贷与金融领域、工业、农业、教育、医疗保健等领域，俄罗斯的信息化程度落后于世界发达国家。

4. 俄联邦信息安全的现状及信息安全保障的主要任务

虽然近年来俄罗斯联邦采取了一系列旨在保障信息安全的政策措施，出台了《俄罗斯联邦国家保密法》《俄罗斯联邦档案立法原则》《信息、信息化和信息保护法》《国际信息交换法》等一系列法律法规，采取措施保证联邦国家权力机关、各联邦主体国家权力机关、各种所有制企业、机构和团体的信息安全，对国家信息保护系统、国家机密保护系统实行了许可证制度，并对信息保护设备进行了注册登记，有效地促进了俄罗斯联邦信息安全工作的开展，但仍存在着一些不容忽视的矛盾和问题，如：

● 调整信息领域各种关系的法律法规还存在着自相矛盾和不完善的地方，有待于进一步修订和完善；

● 公民获取信息的权利没有得到有效的保证；宪法赋予公民的私人生活、个人隐私、家庭秘密和通信秘密不可侵犯的权利并未从法律上、组织上和技术上得到保证；联邦国家权力机关、各联邦主体国家权力机关、地方自治机关收集的关于自然人的个人信息的保护工作不尽人意；

● 尚未制定明确的关于建立俄罗斯信息空间、发展公众信息系统、开展国际信息交流及实现俄罗斯信息空间与世界信息空间一体化方面的国家战略；

● 国家对俄罗斯大众传媒机构拓展国际市场的支持力度不够；

● 涉密信息的保密形势日益恶化；

● 信息化、有线和无线通信设备科研与生产部门的人才储备严重不足，存在严重的人才流失现象；

● 由于本国信息技术水平落后，俄联邦国家权力机关、各联邦主体国家权力机关和地方自治机关在建立信息系统时不得不购买国外的技术设备或吸纳国外公司参与项目建设，加大了信息泄漏的可能性，并增加了俄罗斯对国外计算机、通信技术和设备及软件开发商的依赖；

● 在个人、社会和国家活动中大量采用国外技术，广泛使用开放的信息化、有线和无线通信系统，国内信息系统接入国际互联网，使利用"信息武器"破坏俄罗斯信息基础设施的威胁不断加大，而目前俄罗斯尚未做好全面对抗这些威胁的准备，还未建立起必要的协调机制，资金投入的力度不够，对太空侦察和无线电电子对抗设备的开发也未引起足够的重视。

保障俄联邦信息安全的主要任务：

- 制定俄罗斯联邦信息安全保障方面的国家政策，明确指导方针及实施措施，完善机制；
- 发展和完善俄罗斯联邦信息安全保障体系，如完善发现、评估和预测俄罗斯联邦信息安全威胁的方式、方法及对抗这些威胁的方法和系统；
- 制定保障俄罗斯联邦信息安全的目标纲要；
- 对俄罗斯联邦信息安全保障系统和设备的效果进行评估，并对这些系统和设备进行认证；
- 完善俄罗斯联邦信息安全保障的法律基础；
- 明确俄联邦国家权力机关、各联邦主体国家权力机关及地方自治机关的官员、法人和公民关于遵守信息安全要求的责任；
- 协调联邦国家权力机关、各联邦主体国家权力机关、地方自治机关、企业、机构及团体保障俄联邦信息安全的活动；
- 建立实施俄罗斯国家信息政策的机制；
- 保障俄罗斯联邦在重要的信息化、有线和无线通信领域，特别是在为武器系统和军事装备研制的计算技术设备方面，保持技术上的独立性；
- 研究信息保护、信息技术安全保障等方面的先进方法与手段，特别是军队和武器、对生态环境构成危险和有重要经济意义的生产部门的管理系统中采用的方法与手段；
- 发展和完善国家信息保护系统及涉密信息保护系统；
- 建立和发展和平时期、紧急状态与战争时期国家运转的技术基础；
- 扩大与国际和其他国家机构的合作，解决国际电信传输中信息安全保障的技术问题和法律问题；
- 积极发展信息基础设施，保障俄罗斯参与建立和使用全球信息网络系统所必需的条件；
- 制定信息安全和信息技术领域人才培养的统一规定。

Ⅱ. 俄罗斯联邦信息安全的保障方法

5. 俄联邦保障信息安全的一般方法

俄联邦信息安全主要通过以下三种方式予以保障:一是法律方式;二是组织和技术方式;三是经济方式。

法律方式,就是通过制定标准性法律文件和各种条例的方式来保障俄罗斯联邦的信息安全。

组织和技术方式,主要是建立和完善俄联邦信息安全保障体系。

经济方式,主要是制定保障俄联邦信息安全的政策纲要并予以财政支持,建立和完善其他与信息保护密切相关的法律方式和组织技术方式的财政拨款系统。

6. 俄联邦社会生活中各个领域信息安全的保障重点与保障方法

俄罗斯联邦经济领域的信息安全状况:

在经济领域,最容易受到信息攻击的有以下几个系统:国家统计系统,金融信贷系统,联邦执行权力机关中负责保障社会和国家经济活动部门的信息系统,各种所有制企业、机关和组织的财会系统,国家、各种所有制企业、机关和组织收集、处理、储存和传递有关金融、交易所、税收、海关和外贸信息的系统。

有效解决俄罗斯联邦经济领域信息安全问题的办法:

● 监督国家统计、金融、税收领域及海关信息收集、处理、储存和传递系统的建立、发展和保护工作。

● 加强对信息提供者、信息处理和分析统计工作机构的监督,限制这些工作的商业化。

● 研制本国的信息保护系统,并将其安装在统计、金融、税收、海关等领域的信息收集、处理、储存和传递系统中。

● 研制和使用本国安全的、以智能卡为基础的、具有统一标准格式的电子支付系统、电子货币系统和电子商务系统,并以法律的形式对其使用作出具体规定。

● 完善调节经济领域信息关系的法律基础,加强对经济信息收集、处理、储存和传递领域工作人员的选拔和培养。

内政领域俄罗斯联邦信息安全保障的重点是：保护俄罗斯联邦公民的宪法权利和自由，保护俄罗斯联邦的宪法制度、民族和睦、政权稳定、主权和领土完整。

外交领域俄罗斯联邦信息安全保障的重点是：负责实施俄罗斯联邦对外政策的联邦执行权力机关、俄罗斯联邦驻外代表机构和组织、俄罗斯联邦驻国际机构中的常设机构的信息资源；负责实施俄罗斯联邦对外政策的联邦执行权力机关设在各联邦主体境内的机构的信息资源；俄罗斯联邦企业和负责实施俄罗斯联邦对外政策的联邦执行权力机关的分支机构和组织的信息资源等。

为确保俄罗斯联邦外交领域的信息安全，应主要采取以下措施：

● 制定有关完善俄罗斯联邦对外政策方针的信息安全保障方针。

● 制定和出台有关政策和规定，以确保俄罗斯联邦外交机构、驻外代表机构和组织、驻国际机构常设机构的信息基础设施安全。

● 为俄罗斯联邦驻外代表机构和组织创造条件，使其能够知悉哪些是虚假信息。

● 完善信息安全保障措施，防止损害境外俄罗斯联邦公民和法人权利和自由，加强俄罗斯各联邦主体外交活动的信息安全保障工作。

科学技术领域俄罗斯联邦信息安全的保障重点是：对国家科学技术和社会经济发展有重要意义的基础性、探索性和应用性的科学研究成果；一旦丢失就会给俄罗斯联邦国家利益和声誉造成损害的信息与发明；尚未获得专利的技术、工业样品、有效模型和试制设备、复杂研究设备（如核反应堆、基本粒子加速器、等离子发生器等）的控制系统。

俄罗斯联邦科技领域信息安全保障的办法：完善俄罗斯联邦的法律法规体系，并建立完善的执行机制。为此，国家应当建立评估系统，以便对俄罗斯联邦科技领域的信息威胁进行损失评估；建立社会科学委员会和独立的鉴定组织，以便更加高效地使用俄罗斯联邦的智力资源。

精神生活领域俄联邦信息安全的保障方向是：

● 保护公民的宪法权利和自由，使其个性得到发展，并能自由地获取信息，充分利用文化和精神道德遗产、历史传统和社会生活准则。

● 保护俄罗斯联邦各民族的文化财富，落实宪法对公民权利和自由作出的规定，以便维护和巩固社会的道德价值、爱国主义和人道主义传统。

- 保护公民的健康，挖掘文化和科学潜力，保障国防和国家安全。
- 完善俄罗斯联邦的法律法规体系，从法律上对公民的权利和义务作出明确规定。
- 国家支持、保护和弘扬俄罗斯联邦各民族传统文化，健全保障公民权利和自由的法律机制，提高公民的法律意识，使其能够抵御有意和无意的危害。
- 建立有效的组织和法律机构，使媒体和公民能够获取有关联邦国家权力机关和社会团体活动的公开信息，保证媒体传播的重大信息的真实性。
- 制定设立专门的法律和组织机构，严禁对大众意志施加非法的心理影响，禁止文化和科学不受限制地商业化行为，保护俄罗斯联邦各民族的文化和历史珍品，合理利用社会积累的信息资源。
- 严禁利用电子媒体宣传暴力、残忍和反社会的行为，自觉抵制外国宗教组织的不良影响。

信息和通信系统领域保障信息安全的主要方向是：涉及国家机密的信息，收集、处理、储存和传递非公开信息的信息设备与系统、程序、自动化控制系统，数据传输系统，安装在处理非公开信息设施内处理公开信息的技术设备和系统，处理保密信息的设施，用于举行秘密谈判的场所。

在信息和通信系统领域，俄罗斯联邦保障信息安全的方针是：防止信息被截获，防止未经许可地获取技术设备处理过和储存的信息；防止信息通过技术渠道泄露，防止恶意攻击在国内的信息和通信网，接入外国网络或国际互联网时要保障信息安全；为确保涉密信息的安全，在信息和通信网中装备相应的信息安全保障设备，对网络设施进行检查，以查找出那些安装在设备中用于截获信息的电子装置。

国防领域俄罗斯联邦信息安全的保障重点是：保障俄罗斯联邦武装力量中央军事指挥机关、各军兵种、集团军和部队的指挥机关及国防部所属科研机构的信息基础设施的安全，保障承担国防订货任务或解决国防问题的军工企业和科研机构的信息军队和武器自动化指挥与控制系统的安全，保障其他军队和军事机构的信息资源、通信系统和信息基础设施的安全。

国防领域俄联邦保障信息安全的方针是：逐步查清国防领域信息安全面临的威胁及其来源，将保障国防领域的信息安全制度化，明确规定相应的具体任务，对已有和将要建立的具有军事用途的自动化系统及利用计算机技术的通信系统的应用程序和防护设备领域实行许可证制度。不断完善信息保护措施，防止未经许可地获取信息；优化国防信息安全保障系统职能部门的结构，使之能够协调合作；使用各种手段积极应对敌人的信息宣传和心理战，培养保障国防信息安全的专家。

执法和司法领域俄罗斯保障信息安全的重点是：行使执法职能的联邦执行权力机关、司法机关的信息和计算中心；研究机构和教育机构的信息资源，其中包含具有服务性质的特殊信息和运营数据；信息和计算中心，包括信息、技术、软件和法规支持；信息基础架构（信息和计算机网络、控制点、节点和通信线路）。

由于执法和司法领域关系到国家的稳定，所以应采取一些特殊的手段以确保信息安全。这些手段包括：在专用的信息和通信系统基础上建立统一的受保护的多层次资料库，提高信息系统使用者的专业技能。

俄罗斯紧急状况的信息安全现状：

目前俄罗斯联邦信息安全最薄弱的环节是应急系统和收集处理有关紧急情况的信息系统。为此，必须制定一整套有效的措施，监控那些一旦遭到破坏就有可能导致出现紧急情况的高危设施，并对紧急情况作出预测，提高那些保障联邦执行权力机关活动的信息处理和传递系统的可靠性。对发生紧急情况居民可能采取的行动作出预测，制定措施帮助公众摆脱恐慌，制定特殊措施保护那些面临生态威胁和对发展经济非常重要的生产企业的信息系统。

7. 俄联邦保障信息安全领域的国际合作

俄罗斯联邦信息安全领域的国际合作是各国之间政治、军事、经济、文化和其他类型互动的组成部分。信息安全领域俄罗斯联邦国际合作的主要方向：禁止发展、扩散和使用"信息武器"；确保国际信息交换的安全，包括在通过国家电信渠道和通信渠道传输信息过程中信息的安全；协调各国执法机构预防计算机犯罪的活动；防止在未经授权的情况下访问国际银行电信网络和世界贸易信息支持系统中的机密信息，防止非法访问与跨国有组织犯罪、国际恐怖主义、毒品和精神药物的传播、武器和易裂变材料的非法贸易、人口贩卖做斗争的国际执法组织的信息网络系统。在信息安全领域开展国际合作时，应特别注意与独立国家联合体成员国互动的问题。此外，应确保俄罗斯积极参与信息安全领域的所有国际组织，尤其是信息化和信息保护手段的标准化与认证领域的国际组织。

Ⅲ. 俄罗斯联邦保障信息安全的国家政策及优先采取的措施

8. 俄联邦信息安全国家政策基于的基本原则

• 在执行俄联邦信息安全政策时，应遵守俄联邦宪法、俄联邦其他法律及公认的国际法原则和规范；

• 基于宪法权利，信息活动所有参与者，无论其政治、社会和经济地位，一律平等；

• 优先发展国产信息和电信技术，提高国家电信网络硬件和软件的生产质量、规模；

• 对俄罗斯联邦信息安全面临的威胁进行客观、全面的分析和预测，并制定应对措施；

• 支持团体、协会的活动，客观地向民众宣传对社会生活具有重大意义的事件、现象，保护公民免受歪曲和错误信息的侵害；

• 通过对信息安全活动的认证和许可，控制开发、创建、使用、导出和导入信息的安全工具；

• 对俄罗斯联邦境内的信息技术和信息安全企业采取必要的贸易保护主义政策，并采取措施保护内部市场免遭劣质信息技术和信息产品的渗透；

• 协助个人和法人获得访问世界信息资源、全球信息网络的机会；

• 制定并实施俄罗斯的国家信息政策；

• 结合国家和非国家组织在信息安全领域的政策，组织制定规划，以确保俄罗斯联邦的信息安全；

• 促进全球信息网络和系统的国际化，促进俄罗斯在平等伙伴关系的基础上进入世界信息社会。

9. 俄联邦执行信息安全领域国家政策的优先措施

• 制定和执行信息领域的法律法规，并为俄罗斯联邦的信息安全提供司法保障；

• 提高国家对大众媒体活动的管理效率，完善权力机关执行国家信息政策的机制；

• 提高公民的法律意识和计算机素养，发展俄罗斯统一信息空间，全面应对信息战的威胁，制止计算机犯罪，确保国防领域信息和电信系统技术的独立性，完善信息安全领域人才培养机制。

Ⅳ. 俄罗斯联邦信息安全保障的组织基础

10. 俄联邦信息安全保障体系的主要功能

俄罗斯联邦的信息安全保障体系旨在执行该领域的国家政策，制定保障信息安全的法律规范，为公民和社会开展信息活动创造条件，确保在公民、社会和国家自由交流信息和对大众传媒进行必要限制之间保持平衡。

评估俄罗斯联邦的信息安全状况，查明信息安全内部威胁来源和外部威胁来源，预防和消除这些威胁；协调联邦国家权力机构和其他国家机构的活动，确保信息安全任务的完成；监管联邦国家权力机构、联邦实体国家权力机构的活动，监管解决俄联邦信息安全问题的州和部门间委员会的活动；实施信息安全领域的国际合作，维护俄罗斯联邦在有关国际组织中的利益。

俄罗斯联邦的信息安全保障体系是本国国家安全保障体系的一部分。俄罗斯联邦的信息安全保障体系建立在联邦和联邦实体的立法机构、行政机构和司法机构基础之上。

11. 俄联邦信息安全保障体系的构成要素

俄罗斯联邦信息安全体系的组织基础有：俄罗斯联邦总统，俄罗斯联邦委员会，俄罗斯联邦国家杜马，俄罗斯联邦政府，俄罗斯联邦安全委员会，俄罗斯联邦执行机构，俄罗斯联邦政府设立的部门和州委员会，俄罗斯联邦实体执行机关，地方政府机构，司法机构，公共协会，根据俄联邦法律参与解决俄联邦信息安全问题的公民。

俄罗斯联邦总统在其宪法权力范围内指示各机构和部队确保俄罗斯联邦的信息安全，授权采取行动以确保俄罗斯联邦的信息安全。根据俄罗斯联邦的法律，组建、重组和撤销机构和部队，确保俄罗斯联邦的信息安全。在向联邦议会提交的年度信息报告中，汇报俄罗斯联邦信息安全领域国家政策的优先方向及实施准则。

俄罗斯联邦安全委员会查明和评估俄罗斯联邦信息安全领域面临的威胁，起草应对此类威胁的草案，提出建议和提案，协调信息安全保障权力机构和部队的行动，确保俄罗斯联邦的信息安全。

附录 2　俄罗斯联邦信息安全学说 （2016 年发布）❶

（2016 年 12 月 5 日）

Ⅰ．总则

1. 本学说是俄罗斯联邦保障国家信息安全的官方观点。本学说涵盖信息、信息客体、信息系统、因特网、通信网、信息技术、主体、与信息使用和研发有关的活动、信息技术的利用与发展、信息安全保障，以及相应的社会关系调整机制。

2. 本学说使用了下列基本概念：

（1）俄罗斯联邦在信息领域的国家利益（以下称信息领域的国家利益）是指在客观上应满足国家、社会和个人的重要需求，保障他们在信息领域的安全和稳定发展。

（2）俄罗斯联邦面临的信息安全威胁（以下称信息安全威胁）是指在信息领域产生的危害国家利益的各种行为和因素。

（3）俄罗斯联邦信息安全（以下称信息安全）是指国家、社会和个人免遭国内外信息威胁的防护态势，在遭到威胁的情况下能够保障公民和个人享有宪法赋予的权利与自由，人民生活稳定，社会经济发展，维护俄罗斯国家主权和领土完整，巩固国防和保护国家安全。

（4）信息安全保障是指在以下方面要相互协调：法律、组织、业务研究、

---

❶ 杨国辉译，本书略作修改。

侦查、反间谍、科技、信息分析、专业人才、经济与其他措施，包括预警、检测、威慑、反击信息威胁和消除后果影响。

（5）信息安全保障力量是指国家机关、地方自治管理机关和组织，按照俄联邦立法机关的授权，执行信息安全保障任务的工作人员。

（6）信息安全保障手段是指运用法律的、组织的、技术的和其他使用信息安全保障力量的办法。

（7）信息安全保障体系是指运用全部信息安全保障力量，使用各种信息安全保障手段，计划周密、协调一致的行动。

（8）俄罗斯联邦的信息基础设施（以下称信息基础设施）是指设置在俄联邦领土上的，以及位于俄联邦司法管辖领土范围内，或依据俄联邦国际协议使用的全部信息化项目、信息系统、因特网和通信网等建立的基础设施。

3. 本学说根据俄联邦国家战略优先权，基于对主要信息威胁的分析和对信息安全态势的评估，确定信息安全保障的战略目标和主要方向。

4. 本学说的法律基础是俄联邦宪法、国际法和国际条约公认的原则，以及俄联邦政府和总统颁布的规范性法律文件。

5. 本学说是俄联邦信息安全保障领域的战略规划性文件，它发展了 2015 年12 月 31 日俄联邦总统 683 号令批准的俄联邦国家安全战略，以及其他信息安全领域的战略规划文件。

6. 本学说是保障俄联邦形成国家信息安全政策和实现社会发展的基础，以及制定和完善信息安全保障体系的依据。

Ⅱ. 信息领域的国家利益

7. 信息技术具有跨境的特点，已成为国家、社会和个人全部活动中不可分割的一部分。信息技术的广泛运用加速了国家经济的发展，形成了信息社会。信息在保障实现俄联邦国家主权方面发挥着重要的作用。

8. 信息领域的国家利益包括：

（1）保障和保护宪法赋予公民在获取和使用信息方面的权利和自由，保障在使用信息技术时个人生活不受侵犯，保障民主制度，保障国家和社会的协调机制，保护俄联邦各民族人民的历史、文化、民族精神和道德等。

（2）无论在平时还是在战时，在遭到直接侵略威胁时，要保障信息基础设施稳定和连续运行，首先是保障俄联邦的关键信息基础设施安全和俄联邦电信网络安全。

（3）发展俄联邦的信息技术和电子产业，推动科研与生产相结合，组织研发、生产和使用信息安全保障设备，扶持和保障信息安全产业的发展。

（4）准确无误地将俄联邦的国家政策和对国内外重要事件的官方立场传达到俄罗斯社会和国际社会，运用信息技术保障俄罗斯文化领域的国家安全。

（5）促进国际信息安全体系的建立，抵御以信息技术破坏战略稳定的威胁，在信息安全领域加强平等的战略伙伴关系，保障俄联邦在信息领域的主权。

9. 要实现信息领域的国家利益，就要形成可靠的信息流通环境，要改善信息基础设施，保障宪法赋予公民的权利和自由，保障社会经济稳定发展，保障俄罗斯的国家安全。

Ⅲ. 主要信息安全威胁和信息安全状况

10. 信息技术的使用日趋广泛。信息技术是发展经济、完善社会职能和国家制度的驱动力，同时也引发新的威胁。信息的跨境流动性越来越经常被用于地缘政治与违反国际法及恐怖主义、激进主义和其他反政府目的的犯罪等，损害国际安全和战略稳定。使用信息技术如不与保障信息安全紧密结合，就会大大增加信息威胁出现的可能。

11. 一些外国组织利用信息技术对信息基础设施和军事目标进行攻击的可能性与日俱增，这是影响信息安全的消极因素之一。与此同时，这些组织对俄罗斯国家机关、科研机构和国防工业企业进行技术侦查的活动与日俱增。

12. 个别国家扩大特种服务的范围，施加意识形态领域的影响，破坏各国的政治与社会局面，损害其他国家主权和领土完整。参与破坏活动的有宗教组织、种族势力、人权组织和其他组织等，甚至还有一些民间团体。因此，信息技术被广泛使用。

当前，国外大众媒体运用大量数据报道否定俄联邦国家政策的消息的趋势在上升。俄罗斯的大众传媒经常遭到国外露骨的歧视，俄罗斯媒体记者从事职业活动受到影响。信息对俄罗斯民众的影响也在增加，首先是针对年轻人，旨在破坏俄罗斯的传统道德和价值观等。

13. 各种恐怖组织和激进组织广泛利用信息对个人、团体和社会意识的影响力，加剧民族和社会的紧张对立，挑起宗教与民族的仇恨或敌对情绪，宣扬过激的思想，甚至拉拢新的追随者参与恐怖活动，破坏关键信息基础设施。

14. 计算机犯罪大规模增长，首先是在金融信贷领域。破坏宪法赋予的公民权利和自由的犯罪数量不断增加，其中包括使用信息技术收集个人数据，这些数据涉及不可侵犯的个人生活隐私和家庭隐私。因此，这方面犯罪的方式方法和手段也变得越来越隐蔽和狡诈。

15. 国防领域的信息安全状况：有些国家和组织利用信息技术针对俄罗斯的军事政治目标开展大规模的攻击行动，这些行为以损害俄联邦及盟国的主权、领土完整、社会政治稳定为目的，违反了国际法，威胁国际和平、全球安全与地区安全。

16. 国家和社会的信息安全形势日趋复杂，对关键信息基础设施的计算机攻击规模越来越大，外国对俄罗斯的侦察活动越来越多，使用信息技术损害俄罗斯的主权和领土完整，对俄罗斯政治和社会稳定的威胁明显增加。

17. 经济领域的信息安全状况：有竞争力的信息安全技术和产品不足，国家给予信息安全产业的政策扶持力度不够。国内工业在很大程度上依赖国外的信息技术，部分电子设备、软件、处理技术和通信设备受限于俄罗斯的社会经济发展水平和外国地缘政治利益。

18. 科技教育领域的信息安全状况：有发展潜力的信息技术科研成果不足，本国研发水平不高，信息安全保障人员欠缺，公民的信息安全意识不强。使用国产信息技术和安全产品常常没有配套的基础设施。

19. 战略稳定性和平等战略伙伴关系方面的信息安全状况：个别国家利用信息技术优势谋取信息空间的主导权。目前进行的国家间资源分配对于保障因特网安全和稳定运行是必要的，但是没能够实现基于信任的普遍意义上的公正。缺乏调整各国信息空间关系的国际法规范，难以建立以保障战略稳定和形成权利平等的战略伙伴关系为目标的国际信息安全体系。

Ⅳ. 保障信息安全的战略目标和主要方向

20. 保障国防领域信息安全的战略目标：保护个人、社会和国家的重要利益，保障国内军事政治目标免受国内外违反国际法的威胁，其中包括实施危害国家主权、破坏领土完整、威胁国际和平、安全与战略稳定的敌对行动和入侵行动。

21. 依据俄联邦的军事政策，保障国防领域信息安全的主要方向是：

（1）保持战略威慑和防止由于使用信息技术而引发的军事冲突。

（2）完善俄联邦武装力量、其他部队、军事单位和机关的信息安全保障系统，包括自身的信息反击力量与手段。

（3）预警、发现和评估信息威胁，包括俄联邦武装力量在信息领域面临的威胁。

（4）协助保障俄罗斯盟国的信息安全利益。

（5）消除不良的信息心理影响，其中包括损害保卫祖国的基本历史理念和爱国主义传统。

22. 保障国家和社会安全领域的战略目标是：保卫国家主权，保持政治和社会稳定，保护俄罗斯的领土完整，保障公民的基本权利和自由，以及保卫关键信息基础设施。

23. 保障国家和社会安全领域的主要方向：

（1）反击利用信息技术宣传激进思想、散布排外主义和民族特殊性的思潮，反击损害国家主权、政治和社会稳定、强制改变宪法制度和破坏俄联邦国土完整的行为。

（2）制止国外特种部队、组织与个人运用信息技术手段从事损害俄联邦国家安全的活动。

（3）提高关键信息基础设施的防御能力和运行稳定性，发展预警机制、威胁通报机制、消除影响机制，提高公民和国家防御能力，避免关键基础设施出现问题而导致的突发事件的影响。

（4）提高关键信息基础设施的安全性，其中包括保障国家机关稳定协同运转，不允许外国监视这些目标，保障其完整性和稳定性，保障俄联邦电信网络的安全，保障俄罗斯领土上各种信息系统的安全。

（5）提高各种武器、军事技术和特种技术与自动化管理系统的安全性。

（6）提高预防信息技术犯罪的能力，有效防范这种犯罪。

（7）保障和保护含有国家秘密的信息安全，保障信息获取和扩散的安全，提高相关信息技术的防御能力。

（8）保障信息安全产品的生产和安全使用，扶持能够满足信息安全要求的国产信息安全技术与产品。

（9）提高落实俄罗斯国家信息安全政策的效率。

（10）消除侵蚀俄罗斯传统精神道德和价值观相关信息的负面影响。

24. 保障经济领域信息安全的战略目标：将由于使用国产信息技术和电子工业发展水平不高而产生的不良影响因素减到最小，研制和生产有竞争力的信息安全保障设备，提高信息安全保障领域的扶持规模和质量。

25. 保障经济领域信息安全的主要方向：

（1）创新发展信息技术和电子技术，增加信息技术产业和电子产业无论是在国内总产品中还是在国家出口结构中的数量份额。

（2）通过创新广泛开展研发工作，对生产信息安全产品给予积极扶持，改变国内工业依赖国外信息技术和信息安全设备的状况。

（3）提高俄罗斯信息技术和电子工业企业的竞争力，积极研发、生产和使用信息安全保障设备，积极扶持信息安全产业发展，为在俄罗斯领土上进行的科研和生产创造有利条件。

（4）发展具有竞争力的国内电子产业综合基地和电子元件生产技术工艺，保障国内市场在这方面的需求，并将这种产品出口到国际市场。

26. 保障科技和教育领域信息安全的战略目标：支持创新，加快发展信息安全保障系统、信息技术和电子工业。

27. 保障科技和教育领域信息安全的主要方向：

（1）使俄罗斯的信息技术具有竞争力，并不断提升信息安全保障领域的科技潜力。

（2）创新和运用原有的能够有效应对各种情况的信息技术。

（3）开展科研工作，转化成功的研发成果，开发有发展前景的信息技术和信息安全保障设备。

（4）发挥信息安全保障和应用信息技术领域人员的潜力。

（5）保障公民免遭信息安全威胁，形成个人信息安全文化。

28. 保障战略稳定和平等的战略伙伴方面信息安全的战略目标：形成稳定的、不冲突的国家间关系。

29. 保障战略稳定和平等的战略伙伴关系方面信息安全的主要方向：

（1）保卫俄联邦网络空间的主权，实行独立自主的信息安全政策，保障信息安全领域的国家利益。

（2）参与国际信息安全保障体系建设，安全体系应该能够有效抵御违反国际法使用信息技术对军事政治目标的攻击，有效抵御恐怖主义、激进主义、犯罪活动和反政府活动。

（3）根据信息技术的特点建立国际法律机制，以预防和调整信息领域国家间的冲突。

（4）在国际组织中推进和宣传俄罗斯的立场与观点，保障信息领域平等的权利和就所有感兴趣的问题开展互利合作。

（5）发展俄罗斯因特网的国家管理体系。

V. 保障信息安全的组织基础

30. 信息安全保障体系是俄罗斯国家安全保障体系的一部分。

实施信息安全保障工作，出台信息安全法律和相关制度，要与立法、司法、检察和其他国家机关工作相结合，并与地方自治管理机关、组织和公民相配合。

31. 信息安全保障依据职能划分为立法部门、执法部门和司法部门，应接受俄联邦国家政府机关、俄联邦主体国家政府机关及在信息安全领域俄联邦法律认可的地方自治机关的领导。

32. 信息安全保障体系的组成架构由俄联邦总统决定。

33. 信息安全保障体系的组织基础由下列部门组成：俄联邦委员会、俄联邦国家杜马、俄联邦政府、俄联邦安全委员会、俄联邦政府执行机关、俄联邦中央银行、俄联邦军事工业委员会、俄罗斯总统和俄罗斯政府协调机关、俄联邦主体执行机关、地方自治管理机关和司法机关，他们依据俄联邦的法律参与完成信息安全保障任务。

信息安全保障体系的参与者是：关键信息基础设施项目的所有者及运营者，大数据和海量通信设备、金融贷款组织、外汇部门、银行和其他金融市场领域通信操作员、信息系统操作员，创建和运营信息系统和通信网络的组织，研发、生产和运营信息安全保障设备的组织，为信息安全保障领域提供支持帮助的组织，在信息安全领域从事教育培训的组织与社会团体，其他按照俄联邦法律参与信息安全保障工作的组织和公民。

34. 国家机关信息安全保障工作依据以下原则：

（1）信息安全领域各种社会组织机构应具有合法性，所有参与者享有宪法赋予的平等权利，公民可以使用任何合法的方法搜索、获取、转发、生产和传播信息。

（2）国家机关、组织和公民在执行信息安全保障任务时要互相配合。

（3）在信息安全领域，公民需要在自由交换信息和保障国家安全的必要限制之间保持平衡。

（4）通过对信息威胁的日常监测来确保信息安全保障工作有充足的力量和经费。

（5）遵守公认的准则和国际法，遵守俄联邦加入的国际条约，以及俄联邦颁布的法律。

35. 国家机关在保障信息安全工作中的任务：

（1）保障公民和组织在信息领域的权利和利益。

（2）评估信息安全形势，预警和发现信息威胁，确定威胁的主要方向，预防和消除后果影响。

（3）制定、实施信息安全保障措施，评估信息安全保障措施的有效性。

（4）组织和协调信息安全保障力量，完善各方面保障措施，包括法律、组织、业务搜索、侦查、反间谍、科技、信息分析、人员和经费保障。

（5）制定和实施国家扶持政策，对在信息安全保障领域开展研发、生产、运营和教育培训的组织予以支持帮助。

36. 国家机关在发展和完善信息安全保障体系方面的任务：

（1）在俄联邦各个层面上加强对信息安全保障力量的集中管理，以及对信息化项目、信息系统和通信网络人员的管理。

（2）完善信息安全保障力量相互协调的制度和方法，以提高他们对抗信息威胁的能力与水平，其中包括定期进行演练。

（3）完善信息安全保障系统的信息分析能力，充分发挥其职能。

（4）在执行信息安全保障任务时，提高国家机关、地方管理机关、组织和公民间相互协同的效率。

37. 本学说依据俄联邦战略规划文件，在对俄罗斯的战略环境作出预测分析的基础上确定俄罗斯联邦信息安全保障重要方向的中期目标。

38. 本学说的贯彻落实结果将反映在俄联邦安全委员会秘书写给俄罗斯总统的国家安全态势与加强措施保障的年度报告中。